# 南水北调受水区城市供水系统优化研究

程小文　常魁　张全　编著

中国建筑工业出版社

**图书在版编目（CIP）数据**

南水北调受水区城市供水系统优化研究 / 程小文，常魁，张全编著．—北京：中国建筑工业出版社，2023.3

ISBN 978-7-112-28462-7

Ⅰ.①南… Ⅱ.①程… ②常… ③张… Ⅲ.①南水北调－水利工程－水资源管理－资源配置－优化配置－研究－中国 Ⅳ.① TV68 ② TV213.4

中国国家版本馆 CIP 数据核字（2023）第 043958 号

本书展示了国家“水体污染控制与治理科技重大专项”课题《南水北调受水区城市水源优化配置及安全调控技术研究》的部分成果，通过“建立评估方法—提出优化方案—制定调控措施”的技术路线，为南水北调受水区城市供水系统的科学布局和安全运行提供针对性、适用性较强的优化策略。

责任编辑：刘文昕　吴　尘
责任校对：孙　莹

南水北调受水区城市供水系统优化研究
程小文　常魁　张全　编著
*
中国建筑工业出版社出版、发行（北京海淀三里河路 9 号）
各地新华书店、建筑书店经销
北京建筑工业印刷厂制版
建工社（河北）印刷有限公司印刷
*
开本：787 毫米×1092 毫米　1/16　印张：8　字数：156 千字
2023 年 2 月第一版　　2023 年 2 月第一次印刷
定价：**55.00** 元
ISBN 978-7-112-28462-7
（40220）

# 序

水是生存之本、文明之源。自古以来，我国基本水情一直是夏汛冬枯、北缺南丰，水资源时空分布极不均衡。20 世纪 50 年代，毛主席视察黄河时提出“南方水多，北方水少，如有可能，借点水也是可以的。”的伟大构想。南水北调是党中央、国务院决策实施的优化我国水资源配置的重大战略性基础设施，是事关国家长治久安和中华民族伟大复兴的千秋伟业。习近平总书记强调，南水北调工程事关战略全局、事关长远发展、事关人民福祉。

南水北调工程通水后，为北京、天津、石家庄和郑州等城市提供了宝贵的水源，一定程度上改善了受水区严重的水资源短缺形势。与此同时，城市供水水源的多样化使得水源的切换调配更加复杂，部分城市还发生因水源切换引起的供水管网腐蚀产物释放“黄水”事件；因此，如何科学布局和优化调控受水区城市供水系统，是用好用足南水北调来水、保障受水区城市供水的关键所在。

国家重大科技专项“南水北调受水区城市水源优化配置及安全调控技术研究”课题组，在北京、天津、河北、河南等受水区城市深入调研基础上，研发了基于风险矩阵法和层次分析法耦合的供水系统安全评估方法，构建了“评估方法 - 优化方案 - 调控措施”的供水系统优化调控技术方案，并在石家庄市、保定市等地成功应用且取得良好效果。

《南水北调受水区城市供水系统优化研究》一书概括了中国城市规划设计研究院等单位对南水北调受水区城市供水系统优化的研究成果。该书的出版可为受水区城市水源优化配置及安全调控工作提供重要的借鉴和示范作用，有利于提高受水区城市供水保障水平和饮用水品质，更好地服务于国家发展战略和经济社会高质量发展。

中国城市规划设计研究院党委书记 毛子秋

2023 年 7 月

# 前　言

南水北调工程是优化我国水资源配置格局的重大战略性基础设施。随着工程的实施，南水北调受水区城市供水系统的基础条件发生了显著改变。城市供水水源的巨大变化使水资源的配置、调度与切换变得更加复杂，也对供水系统的科学布局和安全运行提出了更高的要求。因此，针对现有城市供水系统的优化研究具有极为重要的现实意义。

本书展示了国家“水体污染控制与治理科技重大专项”课题《南水北调受水区城市水源优化配置及安全调控技术研究》的部分成果，通过“建立评估方法—提出优化方案—制定调控措施”的技术路线，为南水北调受水区城市供水系统的科学布局和安全运行提供具针对性，且适用性较强的优化策略。

首先，针对受水区城市供水系统面临的水源结构调整，结合供水设施适应性试验研究结果，建立了城市空间发展与多水源供水系统相适应的配套工程综合评估方法。该方法根据供水系统的主要特征，将受水区城市划分为四类，采用层次分析法对城市供水配套工程规划方案的整体性和经济性进行综合评估，进而根据评估结果提出各类城市的优化布局模式。

其次，针对受水区城市供水系统面临的安全风险隐患，建立了供水系统安全风险评估方法。该方法将风险矩阵法和层次分析法耦合，识别供水系统可能面临的风险，通过定性描述和定量评价相结合的方法评定风险级别，为城市供水系统风险评估的发展和应用提供借鉴。根据城市规模、供水水平、经济发展状况、供水水源情况以及南水北调供水后可能面临的安全问题，将受水区城市划分为五类，进而提出相应的安全调控措施。

最后，以河北省石家庄市、保定市和衡水市为研究对象，提出配套工程的优化布局方案，建立供水系统的安全调控方案。

感谢中国城市规划设计研究院的张志果、张桂花、祁祖尧、林明利、白静、周飞祥、熊子卿，河北省城乡规划设计研究院的司绍林、陈建刚等在本文写作中提供的指导和帮助。

# 目 录

# 第1章　受水区供水现状

## 1.1　城镇用水量

### 1.1.1　城镇人均综合用水量呈下降趋稳态势

根据《中国城市建设统计年鉴》，2001年－2011年受水区城镇人均综合用水量呈下降趋稳态势。如图1-1所示，北京市人均综合用水量从0.45$m^3$/（人·日）下降到0.25$m^3$/（人·日），天津市人均综合用水量在0.3 $m^3$/（人·日）上下小幅波动，河北省从0.3$m^3$/（人·日）微降到0.27$m^3$/（人·日），山东省从0.3$m^3$/（人·日）波动式微降至0.28 $m^3$/（人·日），河南省从0.39$m^3$/（人·日）波动式微降至0.28$m^3$/（人·日）。另外，各省市城镇人均综合用水量差异逐年缩小，基本稳定在0.3$m^3$/（人·日）左右。

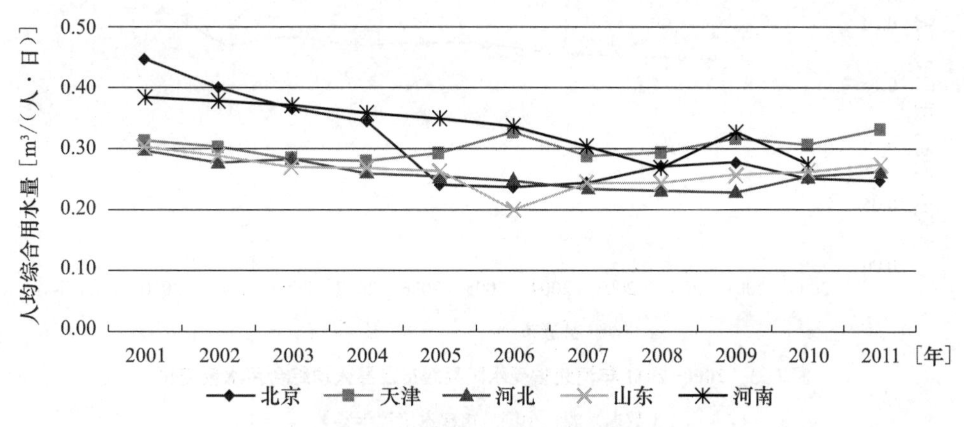


**图1-1　2001-2011年受水区各省、直辖市城镇人均综合用水量变化图**

（数据来源：中国城市建设统计年鉴）

从具体的地市来看，以河北省为例（图1-2、图1-3），受水区7个地级市市区近10年的人均综合用水量呈下降趋稳态势；县城和县级市人均综合用水量变化相对平稳，近年来呈略有增加并趋稳态势。总的来看，城市人均综合用水量趋向一个中间值，基本是高的在下降，低的在上升。

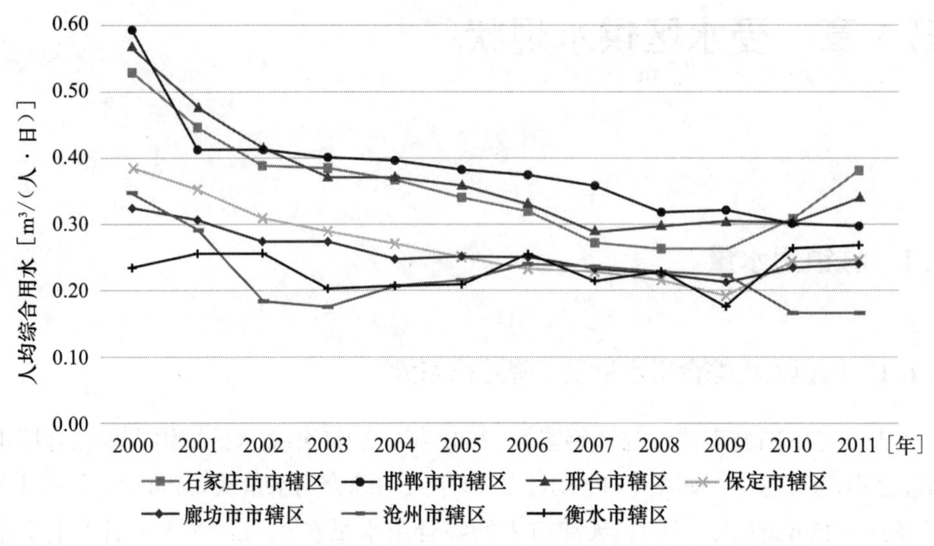


**图 1-2 2000-2011 年河北省受水区 7 个地级市市区人均综合用水量变化**

（数据来源：中国城市建设统计年鉴）

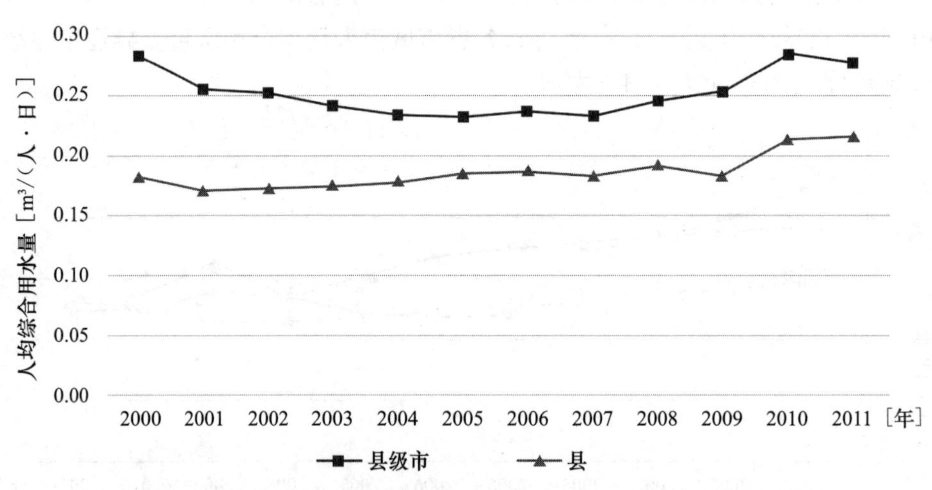


**图 1-3 2000-2011 年河北省受水区县级市及县人均综合用水量变化**

（数据来源：中国城市建设统计年鉴）

### 1.1.2 城镇用水总量近十年来缓慢增长

受产业结构的调整和对高耗水工业发展限制的影响，同时，随着城镇节水意识的增强、节水技术的发展，以及节水器具的普及，南水北调受水区城镇用水总量发展趋势与南水北调工程规划之初的预测差距巨大，并没有出现当初预想的城镇用水量快速增长的局面，而是进入了缓慢增长甚至零增长阶段。根据《中国城市建设统计年鉴》，南水北调受水区近十年城镇用水总量呈缓慢增长，2001 年受水区城镇总用水量为 93.02 亿 m³，2010 年为 94.76 亿 m³，增加了 1.87%。其中东线（山东）受水区城镇用水量由 41.76 亿 $m^3$ 微降至 39.05 亿 $m^3$，降低了 6.5%；中线用水量由 51.27 亿 $m^3$ 缓慢增加到 55.71 亿 $m^3$，增加了 8.7%（图 1-4）。

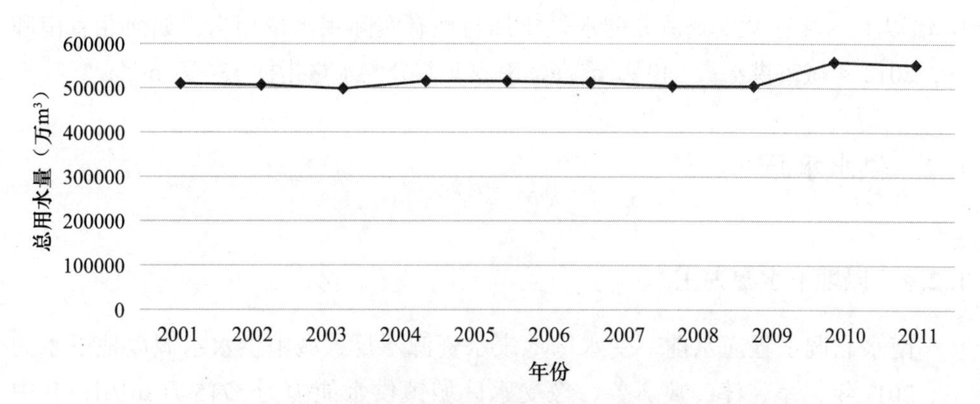


**图 1-4 南水北调中线受水区 2001-2010 年城镇总用水量变化**

（数据来源：中国城市建设统计年鉴）

值得关注的是，中线受水区城镇用水总量略有增长是在用水人口大幅增长和社会经济快速发展背景下发生的。2001 年中线城市用水人口为 3858 万人，2010 年增加到 5733 万人，人口增长 49%。同期，受水区社会经济快速发展，以河北省受水区为例，2002 年河北省受水区城镇社会经济生产总值为 1760 亿元，2010 年增至 4736 亿元，增长了 169%，人均地区生产总值年均增长率为 12.88%。可见，城镇用水量并非随着人口和社会经济增长同步线性增长。

### 1.1.3 实际用水量总体低于规划分配水量

对比南水北调工程规划调水量指标与受水区城镇实际用水量，发现受水区城镇实际用水量总体低于规划分配水量。2010 年中线受水区城镇用水总量为 55.71 亿 $m^3$，为规划调水量 95 亿 $m^3$ 的 60% 左右，受水区城镇供水水源较为充沛。

虽然受水区城镇用水量总体低于规划分配水量，但从各省（市）规划分配水量指标和实际用水量对比来看，各省（市）规划分配水量盈亏不均。部分省（市）规划分配水量小于实际用水量，城市水资源短缺的问题未能得到根本解决。北京市规划分配水量指标为 12 亿 $m^3$，近年北京市城镇用水量在 36 亿 $m^3$ 左右，本地可用水资源量约 22 亿 $m^3$，水资源供应仍然紧张。天津市规划分配水量指标为 10 亿 $m^3$，从天津市用水情况看，规划分配水量并不富裕。同时，还存在部分省（市）规划分配水量远高于实际需求，规划分配水量指标出现盈余。河北省规划分配水量指标为 35 亿 $m^3$，为城镇现状用水量的两倍以上。河南省规划分配水量指标为 38 亿 $m^3$，扣除引丹灌区水量 6 亿 $m^3$，分配水量指标为城镇现状用水量的两倍以上。

从单个城市的规划分配水量指标和实际用水情况来看，大部分城镇分配水量指标均高于现有实际用水量，部分城市远大于现有实际用水量。石家庄市分配水量指标是现有实际用水量的 1 倍以上，南宫市分配水量指标是现有实际用水量的 10 倍以上。仅有少数城镇分配水量指标与现有实际用水量相当，如河北省南和县，2012 年城市供水量 540 万 $m^3/a$，南水北调分配水量指标 536 万 $m^3/a$。

## 1.2 供水水源

### 1.2.1 以地下水源为主

南水北调工程通水前，受水区地表水资源不足，城镇供水水源以地下水为主。2011 年，京、津、冀、鲁、豫受水区城镇供水能力为 5715 万 $m^3/d$，其中地下水生产能力为 3896 万 $m^3/d$，受水区城镇水源的 2/3 为地下水水源。北京市地下水供水比重最高，2012 年地下水供水能力为 1411 万 $m^3/d$，占总供水能力的 86%；天津市地下水供水能力占比最低，地下水供水能力为 81 万 $m^3/d$，占总供水能力的 19%；河北省地下水供水能力为 716 万 $m^3/d$，占总供水能力的 73%；山东省城镇地下水供水能力 683 万 $m^3/d$，占总供水能力的 42%；河南省城镇地下水供水能力为 552 万 $m^3/d$，占总供水能力的 53%（图 1-5）。

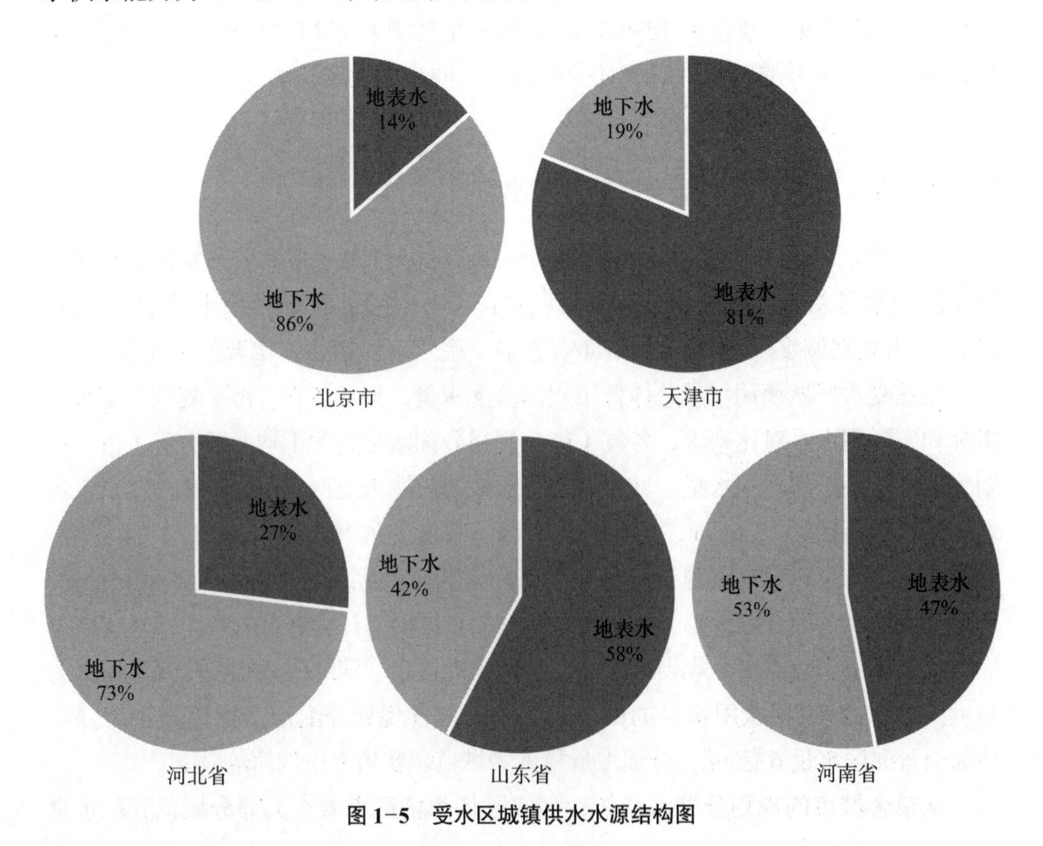


图 1-5 受水区城镇供水水源结构图

河北省受水区城市水源类型统计表 表 1-1

| 城市类别 | 城市数量 | 不同水源类型的城市数量 | | |
|---|---|---|---|---|
| | | 单一地下水 | 单一地表水 | 多水源 |
| 地级市 | 7 | 3 | 1 | 3 |
| 县级市 | 18 | 16 | 1 | 1 |
| 县城 | 71 | 67 | 3 | 1 |
| 合计 | 96 | 86 | 5 | 5 |

注：邯郸市、邢台市和沧县与所属设区市统一供水，县城数量中没有统计在内。

根据河北省受水区供水水源调研情况（表 1-1），绝大部分城镇以单一地下水为供水水源；仅有少数城市和县城采用地表水源，96 座城市中有 10 座城市拥有地表水水源。采用地表水源的地级市有 4 个，为石家庄市、保定市、邯郸市和沧州市，其中石家庄市、保定市和邯郸市采用本地地表水源，沧州市采用引黄水源（图 1-6）；采用地表水源的县级市有 2 个，为泊头市和黄骅市；采用地表水源的县城有 4 个，为东光县、孟村县、南皮县和盐山县。

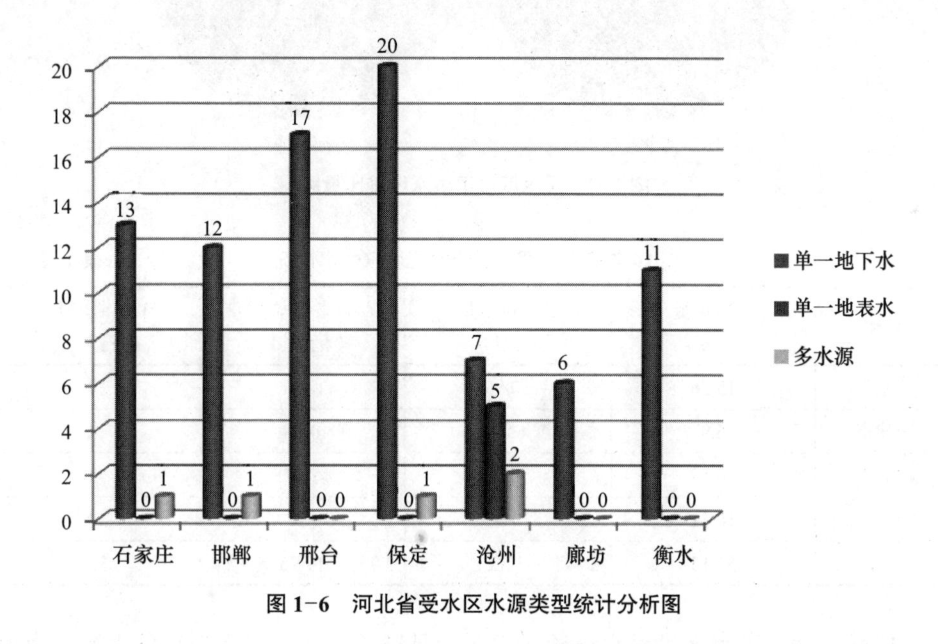


图 1-6 河北省受水区水源类型统计分析图

### 1.2.2 自备井比例高

南水北调工程通水前，河北省受水区城镇自备用水较普遍，自备井比例较高。2010 年，南水北调中线受水区城镇总用水量 57 亿 $m^3$，其中自备用水量为 19 亿 $m^3$、占总用水量的 34%。河北省受水区城镇自备井用水比例最高、占 43%，河南省为 40%，北京市为 30%，天津市占比最低、为 12%（见表 1-2，图 1-7）。

南水北调中线受水区城镇自备用水量远高于全国平均水平。

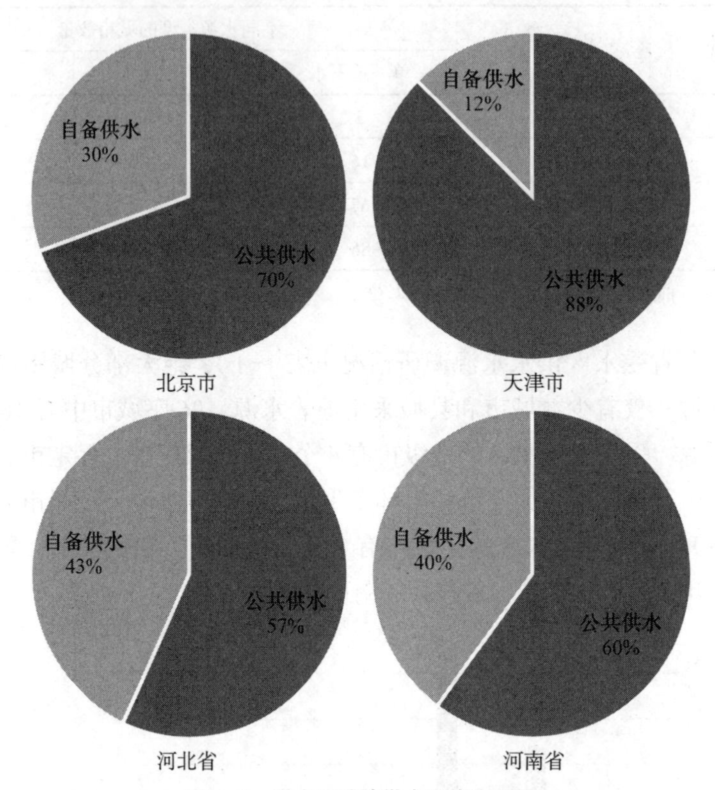


**图 1-7 受水区城镇供水设施比重图**

**2010 年南水北调中线受水区城镇供水情况** **表 1-2**

| 名称 | 总供水量（亿 $m^3$） | 公共供水量（亿 $m^3$） | 自备供水量（亿 $m^3$） | 自备供水所占比例（%） |
|---|---|---|---|---|
| 北京市 | 15.56 | 10.86 | 4.7 | 30 |
| 天津市 | 6.9 | 6.04 | 0.86 | 12 |
| 河北省 | 16.38 | 9.31 | 7.07 | 43 |
| 河南省 | 18.31 | 10.99 | 7.32 | 40 |
| 合计 | 57.15 | 37.2 | 19.95 | 35 |

根据河北省受水区供水水源调研情况，县城工业用水基本为自备水源；半数以上县城供水系统中自备井占比超一半，部分城镇甚至达到 90% 以上。

### 1.2.3 地下水超采严重

南水北调工程通水前，受水区城市普遍缺水严重，影响到城市经济和社会健康发展，尤其是城市居民供水危机日益凸显。为了保障城市用水的供应，受水区城市多年来持续超量开采地下水；南水北调东线和中线工程受水区城市，平均每年开采地下水 83 亿 $m^3$，其中超采量约 36 亿 $m^3$。

因连年过量开采地下水，造成地下水位急剧下降，导致一系列严重的生态环境问题。北京市、天津市、石家庄市等城市的地下水位大幅度下降，形成了区域地下水降落漏斗，导致地面沉降等自然灾害。至 1998 年，海河平原累计地面沉降量大于 0.3m 的面积达 1.82 万 $km^2$；天津市累计地面沉降量大于 1.5m 的面积为 133$km^2$，最大地面沉降量达 2.8m。北京市和河北省的部分地区浅层地下水已接近疏干。

地下水超采不仅引起地面沉降，还引发地面裂缝、地下塌陷和地面建筑物破坏、海水入侵、机井报废加快等问题，给人民群众的人身和财产安全造成巨大威胁。据不完全统计，河北省地面裂缝已达 200 条，涉及 30 多个县市区，裂缝长度一般为数米到数百米，甚至超千米，裂缝最宽 2m 左右，可见深度 10m 上下。河北平原区地下塌陷达数十处，徐水县地面塌陷引起 50 余户 200 多间房屋开裂。

此外，由于浅层地下水水位普遍下降，引起地表土壤水分急剧减少，加快了地表水系、水体干涸，进一步加剧了生态环境的恶化。

## 1.3 供水设施

南水北调工程通水前，受水区城镇供水水源条件不一，设施水平各异，为更好地归纳总结受水区城镇供水设施建设现状，在大量调研基础上、结合相关研究成果，提取不同城镇供水设施的主要特征，按直辖市、省会城市、地级城市、县级城市分类进行归纳总结，各类城市特征如表 1-3 所示。

**受水区城镇供水设施情况一览表** **表 1-3**

| 城市分类 | 供水规模 | 水源类型 | 水厂工艺 | 管材 |
|---|---|---|---|---|
| 直辖市 | ≥ 100 万 $m^3$/d | 多水源 | 深度 | 球墨铸铁管为主 |
| 省会城市 | ≥ 50 万 $m^3$/d | 多水源 | 常规、深度 | 球墨铸铁管和铸铁管为主 |
| 地级城市 | ≥ 10 万 $m^3$/d | 多水源为主 | 常规、简单 | 球墨铸铁管和铸铁管为主 |
| 县级城市 | ≤ 5 万 $m^3$/d | 单水源为主 | 简单或无 | 塑料管和铸铁管为主 |

### 1. 直辖市供水系统庞杂、设施先进、管材优质

南水北调受水区有北京市、天津市两座直辖市，直辖市人口众多、经济发达，城市用水量巨大，均建有大型地表水厂及调水工程，公共供水规模在 100 万 $m^3$/d 以上。2010 年，北京市中心城公共供水规模达 300 万 $m^3$/d，地表水供水规模约占一半；公共供水厂 11 座，其中 7 座以地下水为水源，3 座水厂以地

表水为水源，1 座水厂为调蓄水厂。2014 年，天津市中心城公共供水规模接近 400 万 $m^3$/d，公共水厂 35 座，其中地表水厂 22 座、地下水厂 13 座。直辖市城市供水管网规模庞大，2010 年北京、天津的供水管道长度分别达到 25147km 和 14288km。市政供水管道的管材主要为球墨铸铁管，近年来北京市对中心城供水管网实施了大规模消隐改造，采用内喷涂、更换管线等方式改造管网近 2000km，消除了管网运行风险，优化了管网运行条件。北京第九水厂在混凝、澄清、过滤等常规工艺处理后，再经过臭氧和活性炭、超滤膜等深度处理，采用了微砂加速沉淀、高密度澄清等先进的水处理技术。

**2. 省会城市供水系统复杂、设施完善、管材较好**

南水北调受水区内有石家庄、郑州等省会城市，省会城市均拥有地表水源，采用地表水与地下水的联合供水模式，公共供水规模在 50 万 $m^3$/d 以上。2010 年，郑州市区公共供水规模达 90 万 $m^3$/d，地表水供水规模接近 70%；建有公共供水厂 5 座；其中 3 座以地下水为水源，2 座水厂以地表水为水源；公共供水服务范围大，供水管网长度为 2568km。2010 年，石家庄市公共供水规模达 80 万 $m^3$/d，地表水供水规模接近 50%；建有公共供水厂 7 座，其中地下水厂 6 座、地表水厂 1 座；石家庄老城区配水管网呈环状结构，管道材质以铸铁管和球墨铸铁管为主，合计占全部管材使用的 70% 以上。

**3. 地级城市供水系统简单、设施完备、管材一般**

南水北调受水区内有保定市、沧州市、邯郸市等地级市，地级市大多拥有地表水源，通常以多水源为主要供水模式。根据南水北调工程河北受水区调研情况，地级城市公共供水规模大多在 10 万 $m^3$/d 以上；67% 地级城市为 10 万 −30 万 $m^3$/d、33% 地级城市为 30 万 −50 万 $m^3$/d。地级城市通常建有多座公共供水厂，33% 地级城市建有 2 座水厂、67% 地级城市建有 3 座及以上水厂（图 1−8、图 1−9）。

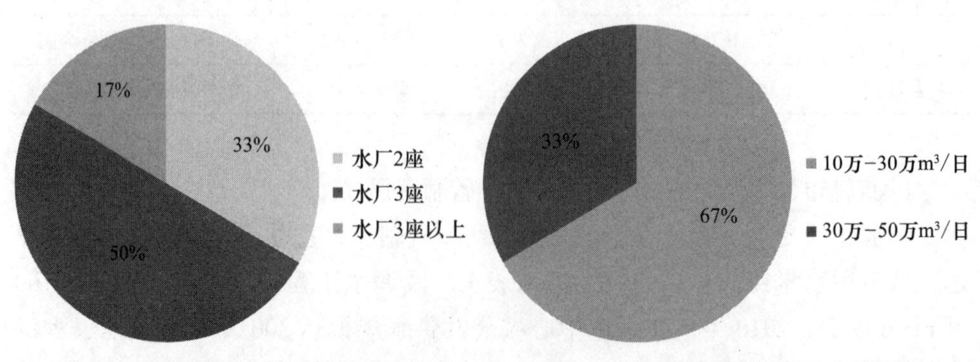


**图 1−8　河北省地级城市水厂数量分布图**　　**图 1−9　河北省地级城市供水规模分布图**

**4. 县级城市供水系统不全、设施简陋、管材低劣**

受经济社会发展水平制约，县级城市供水规模较小，通常在 5 万 $m^3$/d 以下；受用水需求和水资源条件、经济条件等决定制约，县级供水单元通常为单一水源，主要为地下水水源。据中国地质科学院完成的《华北平原地下水污染调查评价》显示，华北平原浅层地下水综合质量整体较差，且污染较为严重，遭受不同程度污染的地下水比例为 40% 左右。县级供水单位通常采用地下水加氯消毒供给模式，部分采用地下水直供模式。县级供水单元的管材类型杂乱、材质较差；常用的管材有灰口铸铁管、水泥管、钢管、PVC 管、PE 管等。

根据南水北调河北省受水区调研情况，县级城市公共供水规模均小于 5 万 $m^3$/d；其中 1 万 $m^3$/d 以下的占 38%。仅有 19% 的县级城市建有多座水厂，48% 的县级城市建有 1 座水厂，高达 33% 的县级城市采用水源井直供方式（图 1-10、图 1-11）。

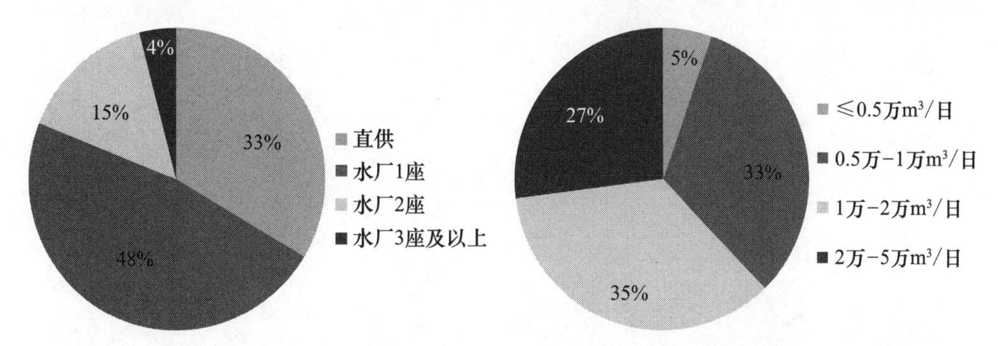


**图 1-10　河北省县级城市水厂数量分布图**　　**图 1-11　河北省县级城市供水规模分析图**

河北省受水区县级城市供水管材有灰口铸铁管、水泥管、钢管、PVC 管、PE 管等，部分城市塑料管（PVC 管、PE 管）长度占总长度的 80% 以上。灰口铸铁管服务时间普遍较长，最长的达 50 年（图 1-12、图 1-13）。

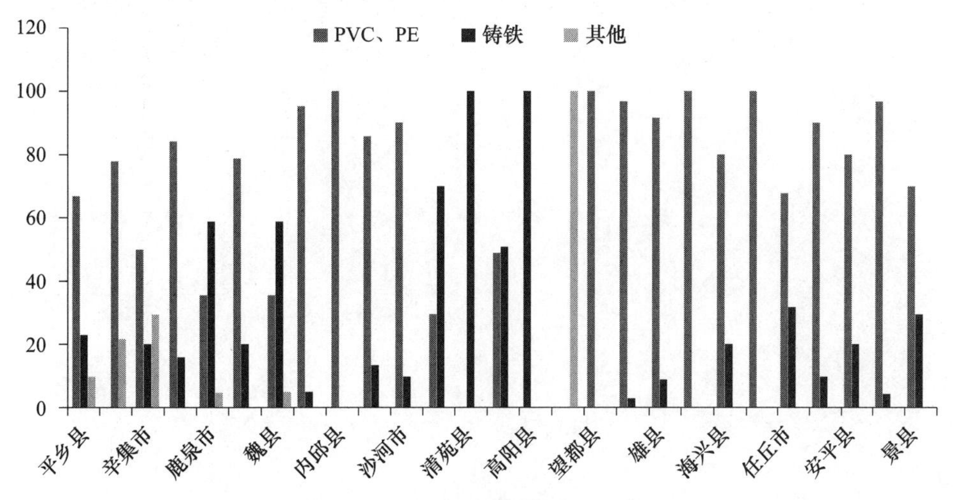


**图 1-12　部分县级城市管材分布图**

图 1-13 供水管道腐蚀情况照片

# 第 2 章　受水区供水规划

## 2.1　主体工程

### 1. 总体概况

根据我国北方地区的经济社会发展和水资源短缺状况以及南方地区水资源条件，经过 50 多年的研究论证，确定了以长江为水源，并分别从长江下游、中游、上游调水的东、中、西三条调水线路的南水北调工程总体布局。通过南水北调工程三条调水线路联系起长江、黄河、淮河、海河四大江河，构成“四横三纵”的中国大水网。这样的总体布局，可以实现大范围的水资源优化调度，大幅度地提高各地区的供水保障程度，对满足北方地区经济社会可持续发展和对水资源的需求具有重大的战略意义（图 2−1）。

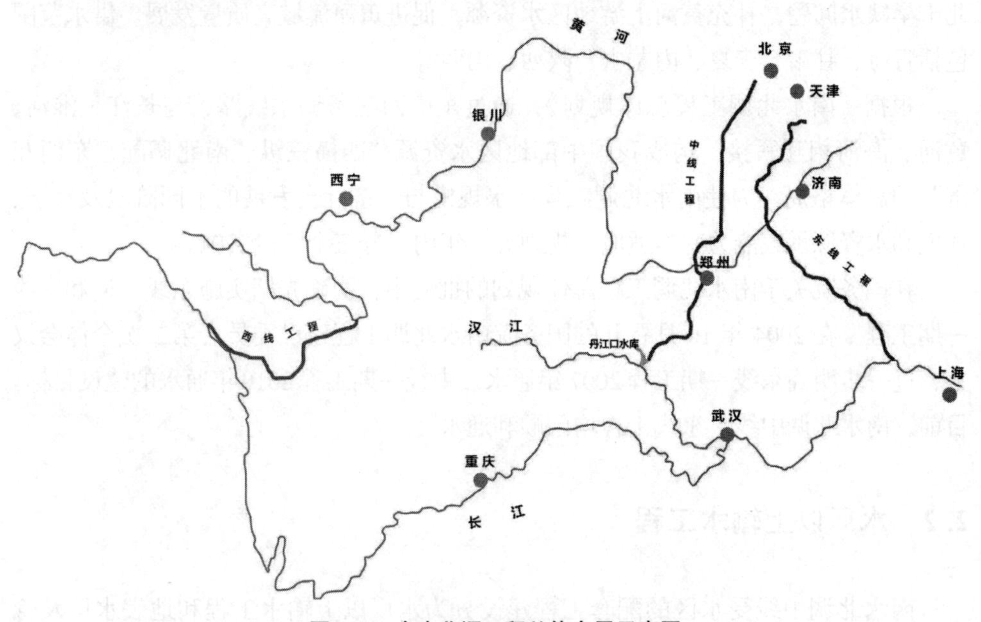


图 2−1　南水北调工程总体布局示意图

南水北调工程东、中、西三条调水线路既是一个有机整体，又有各自的特点和供水范围。

### 2. 东线工程

东线工程从长江下游扬州附近抽引长江水，利用京杭大运河及与其平行的河道逐级提水北送，并连通起调蓄作用的洪泽湖、骆马湖、南四湖、东平湖，在位山附近穿过黄河，经扩挖现有河道进入南运河，自流到天津市。输水主干线长1156km。东线工程所处位置较低，规划供水范围为黄淮海平原东部和胶东地区，包括江苏省、山东省、安徽省、河北省东部和天津市。

**3. 中线工程**

中线工程从长江支流汉江上的丹江口水库引水，经长江流域与淮河流域的分水岭方城垭口，沿唐白河平原和黄淮海平原西部边缘布置，沿京广铁路西侧北上，自流到北京市、天津市。输水总干渠从丹江口水库陶岔闸至北京团城湖，全长 1276km。中线工程供水范围包括湖北省、河南省、河北省、北京市和天津市，重点解决沿线大中城市及县城供水。

**4. 西线工程**

西线工程在长江上游大渡河、雅砻江、通天河上筑坝建水库，开凿隧洞穿越长江黄河分水岭巴颜喀拉山脉，向黄河上游补水的长距离调水工程；能够解决我国西北干旱缺水问题，补充黄河上游地区水资源，促进黄河流域高质量发展。供水范围包括青海、甘肃、宁夏、内蒙古、陕西、山西等。

根据《南水北调工程总体规划》，通过东中西三条调水线路，与长江、淮河、黄河、海河相互联接，构成我国中部地区水资源“四横三纵、南北调配、东西互济”的总体格局。为使南水北调工程调水规模与经济社会发展的不同阶段及经济、环境和水资源承载能力基本适应，规划五十年内，分三个阶段实施。

在国务院关于南水北调工程总体规划的批复中，明确先期实施东线一期和中线一期工程。在 2004 年 10 月召开的国务院南水北调工程建设委员会第二次全体会议上，进一步明确东线一期工程 2007 年通水、中线一期工程 2010 年通水的建设目标。目前，南水北调中线、东线工程均已顺利通水。

## 2.2 水厂以上输水工程

南水北调中线受水区的配套工程建设分为水厂以上输水工程和地表水厂及管网工程两大类，水厂以上输水工程规划建设情况如下。

**1. 北京市**

北京市南水北调供水系统：两大动脉、一个枢纽、三大水厂、一条环路和三大应急水源地，简称“21313”供水系统。两大动脉即南水北调中线总干渠和密云水库至第九水厂输水干线。一个枢纽即团城湖调节池。三大水厂，即现状第九水厂、规划的第十水厂和郭公庄水厂。一条环路，即由大宁水库、亦庄调节池、第十水厂、第九水厂以及由大宁水库、团城湖调节池、第九水厂组成的输水环线。三大应急水源地，即怀柔地下水应急水源地、平谷地下水应急水源地和张坊应急供水工程（图 2-2）。

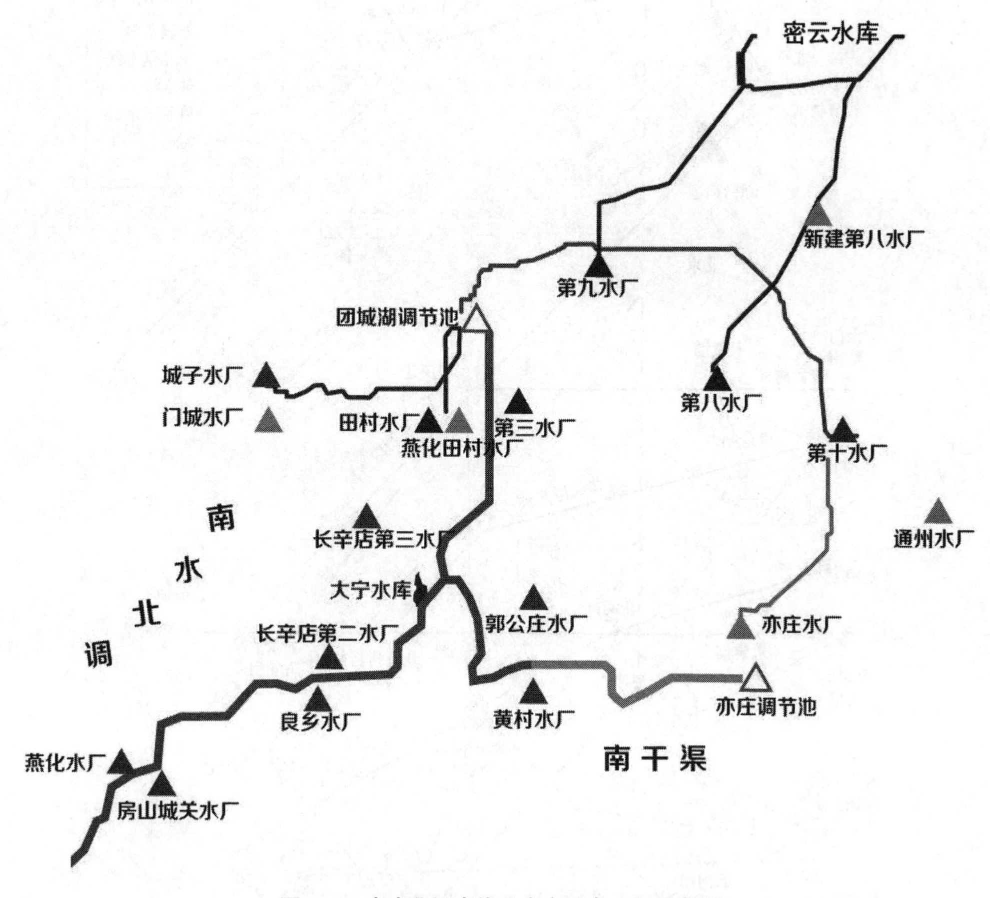


图 2-2 南水北调中线北京市配套工程示意图

**2. 天津市**

天津市配套工程总体布局：以于桥水库、尔王庄水库、北塘水库、王庆坨水库、北大港水库（东线）为安全供水调节保障体系，以一横（新建天津干线末端到滨海地区的引江工程）、一纵（现有的引滦工程）主干供水工程连接 5 个水库和各个供水分区，在西河泵站、大安泵站和北塘水库西南闸三个节点形成引江、引滦双水源的切换，形成覆盖全市的城市水资源配置工程网络，充分发挥引江、引滦和本地水源的综合优势，同时也沟通了南水北调东线和应急引黄的调水工程（图 2-3）。

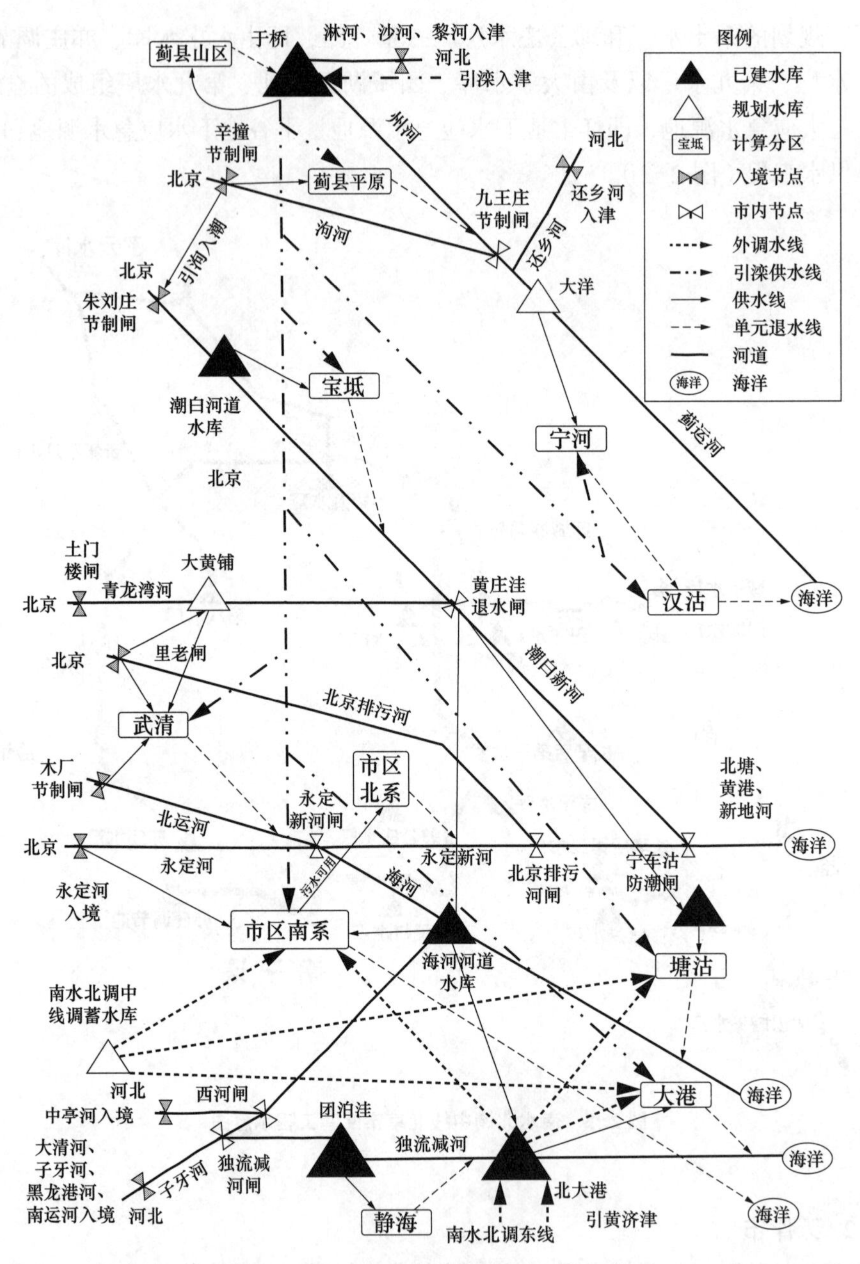


图 2-3 南水北调中线天津市配套工程示意图

### 3. 河北省

河北省南水北调配套工程：以“两纵五横九库（引、输、蓄、调）”为骨架。“两纵”为中线总干渠和东线总干渠（或引黄干渠）；“五横”为大型输水工程，包括邢沧干渠（或赞善干渠）、石津干渠、沙河干渠、廊坊干渠和天津干渠；“九库”为大浪淀、千顷洼、广阳水库等大型平原调蓄水库，和东武仕、朱庄、岗南、黄壁庄、王快、西大洋水库等西部山区补偿调节水库。在这一总体框架下再布置99条引水管道和城市供水公司的净水厂、输水管网衔接，形成河北省中南部平原区四通八达、南北调剂、东西互补、地表地下联调的供水网络体系（图2–4）。

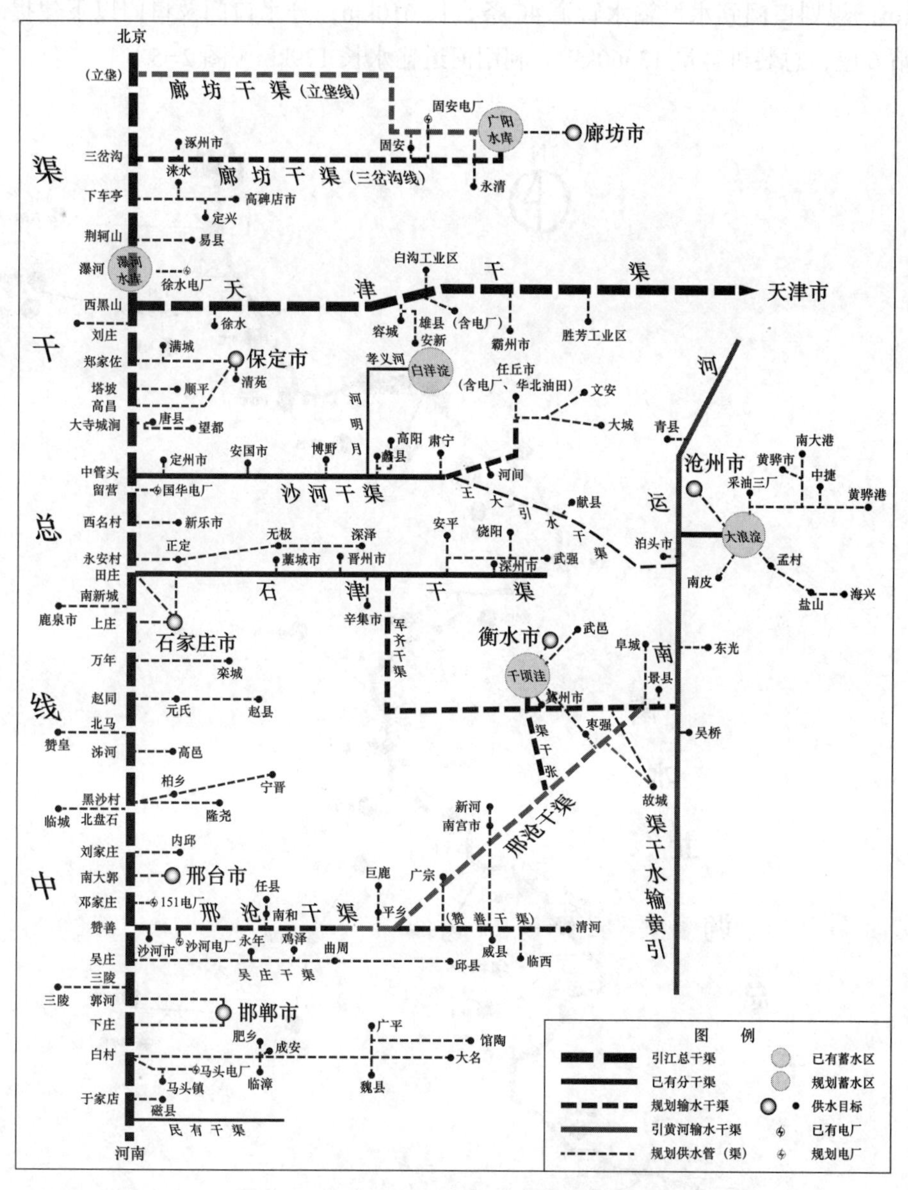


图2–4　南水北调中线河北省配套工程示意图

#### 4. 河南省

河南省受水区供水城市43座，总干渠共设置城市分水口门36个，口门到城市水厂大多数采用管道输水形式，距总干渠较远的漯河、周口等市县采用河道和管道输水相结合的方式向受水区城市供水。规划参与引江水调蓄的水库有白龟山大型水库和尖岗、常庄、老观寨 3 座中型水库，白龟山水库可自流充库，尖岗等 3 座中型水库需提水充库，由水库调蓄供水的城市有平顶山市及叶县、郑州市、新郑市等城市、地区。规划输水管渠道总长 621km，其中修建输水明渠 1 条，长 10km；规划口门到水厂输水管道 40 条，长 610km，分水口门及口门以下建提水泵站 6 座，总装机容量 13560kW。利用河道输水长 129km（图 2-5）。

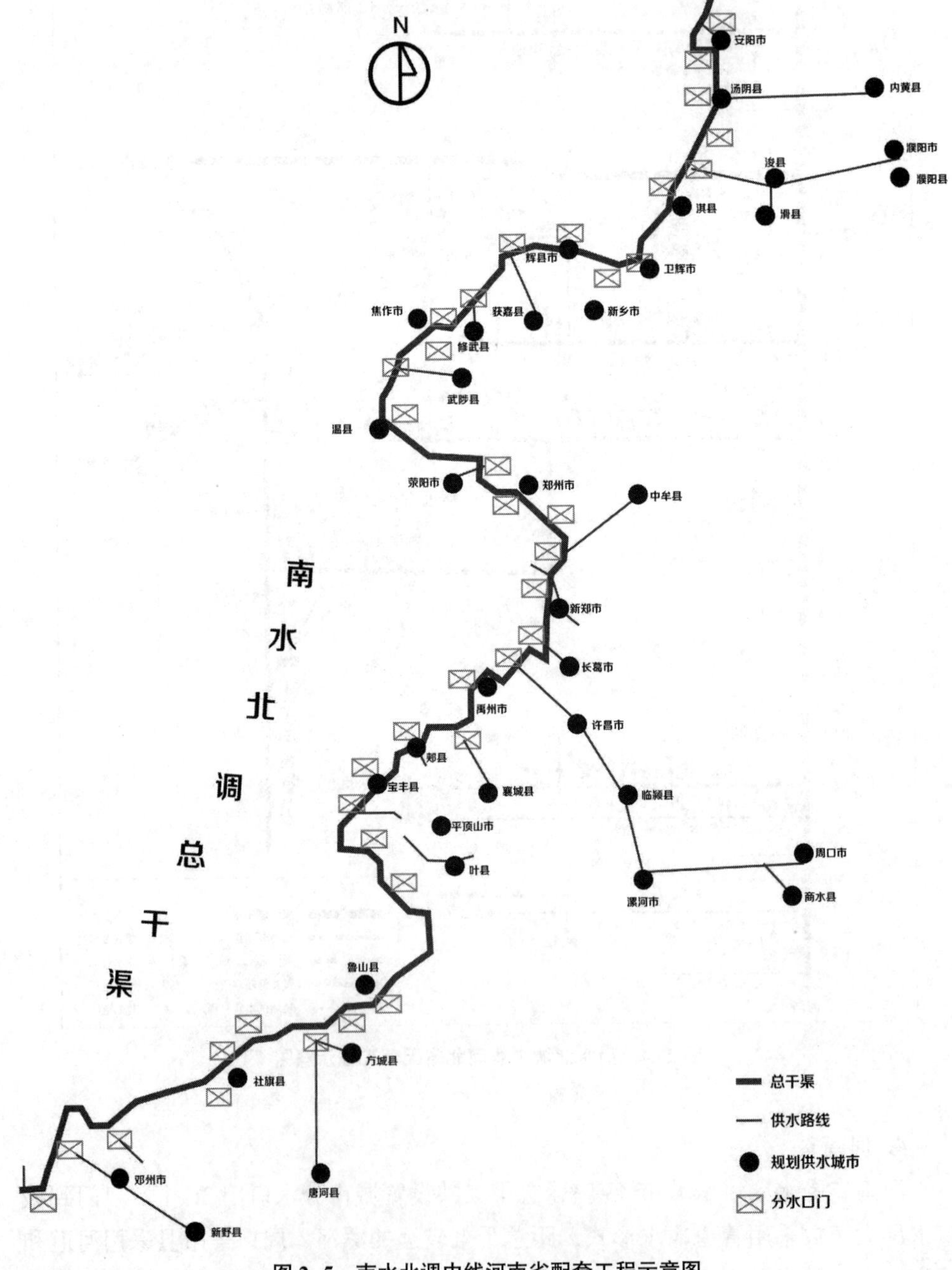


图 2-5　南水北调中线河南省配套工程示意图

## 2.3　地表水厂及管网工程

### 1. 北京市

北京市受水区规划配套水厂 16 座，总供水规模 631 万 $m^3/d$（表 2-1）。规划配套管网约 670km，管径 DN400－DN2400；主要为奥运相关配套管道、DN800 以上配水干线、加密老城区配水管网、完善边缘集团配水管网等。

北京市受水区城镇规划配套水厂汇总表　　表 2-1

| 序号 | 水厂名称 | 水厂规模（万 $m^3/d$） | | | |
|---|---|---|---|---|---|
| | | 现状 | 2010 年 | 2020 年 | 远景 |
| 1 | 田村水厂 | 17 | 17 | 51 | 51 |
| 2 | 郭公庄水厂 | 0 | 50 | 75 | 100 |
| 3 | 第十水厂 | 0 | 50 | 50 | 100 |
| 4 | 燕化水厂 | 40 | 34 | 34 | 34 |
| 5 | 房山城关水厂 | 3 | 5 | 9 | 10 |
| 6 | 良乡水厂 | 5.5 | 8 | 15 | 20 |
| 7 | 长辛店一厂（现状） | 4.2 | 4.2 | 4.2 | 4.2 |
| 8 | 长辛店二厂（王佐） | 0 | 4.8 | 8.8 | 8.8 |
| 9 | 长辛店三厂（泰山公园南） | 0 | 0 | 0 | 8.0 |
| 10 | 城子水厂 | 4.3 | 8.6 | 8.6 | 8.6 |
| 11 | 门城水厂 | 0 | | 4.4 | 11.4 |
| 12 | 黄村水厂 | 7.7 | 18 | 36 | 50 |
| 13 | 亦庄水厂 | 0 | 0 | 35 | 100 |
| 14 | 通州水厂 | 6.2 | 18 | 40 | 60 |
| 15 | 京津发展带预留 | | | | 50 |
| 16 | 海淀山后水厂 | | | | 15 |
| 合计 | | 87.9 | 217.6 | 371.0 | 631.0 |

### 2. 天津市

天津市受水区规划配套水厂总规模 230 万 $m^3/d$（表 2-2）。规划改造配水老旧管网 1750km，平均每年改造老旧管网 250km。

天津市受水区城镇规划配套水厂汇总表　　表 2-2

| 序号 | 区域 | 水厂规模（万 $m^3/d$） | |
|---|---|---|---|
| | | 一期 | 二期 |
| 1 | 中心城区及新四区 | 50 | 33 |
| 2 | 塘沽区（含开发区） | 20 | 11 |

续表

| 序号 | 区域 | 水厂规模（万 $m^3/d$） | |
|---|---|---|---|
| | | 一期 | 二期 |
| 3 | 汉沽区 | 5 | 8 |
| 4 | 大港区 | 5 | 6 |
| 5 | 武清区 | 20 | 4 |
| 6 | 宝坻区 | 13 | 12.5 |
| 7 | 宁河县 | 3 | 8.5 |
| 8 | 蓟县 | 2.5 | 0 |
| 9 | 静海县 | 9 | 19.5 |
| 总计 | | 127.5 | 102.5 |

**3. 河北省**

河北省受水区城镇规划配套水厂 120 座，总规模为 981 万 $m^3/d$（表 2–3）。河北省受水区城镇近期规划配套管网总长度为 3319km（表 2–4）。

河北省受水区城镇规划配套水厂汇总表　　表 2–3

| 城市 | 规划水厂（座） | 水厂规模（万 $m^3/d$） |
|---|---|---|
| 石家庄 | 25 | 205.5 |
| 保定 | 24 | 237.0 |
| 邢台 | 22 | 112.05 |
| 邯郸 | 14 | 55.0 |
| 廊坊 | 10 | 101.0 |
| 沧州 | 14 | 159.0 |
| 衡水 | 11 | 111.5 |
| 合计 | 120 | 981.05 |

河北省受水区近期规划城镇供水管网汇总表　　表 2–4

| 城市 | 建成区面积（$km^2$） | 管道长度（km） |
|---|---|---|
| 邯郸 | 237 | 451 |
| 邢台 | 251 | 408 |
| 石家庄 | 354 | 937 |
| 保定 | 455 | 345 |
| 廊坊 | 176 | 593 |
| 沧州 | 275 | 385 |
| 衡水 | 399 | 200 |
| 合计 | 2148 | 3319 |

**4. 河南省**

南水北调河南受水区城市供水配套工程，包括郑州市、南阳市、平顶山市、漯河市、周口市、许昌市、焦作市、新乡市、鹤壁市、濮阳市、安阳市 11 个省辖市市区及 32 个县（县级市）和南阳市龙升工业园区、邓州市移民安置区、禹州市神垕镇、郑州新郑国际机场、郑州市上街区，共 48 个供水目标的 83 座水厂以及相应的管网设施。设计供水总规模 905 万 $m^3/d$，其中现有水厂和改扩建水厂的设计供水能力合计为 393 万 $m^3/d$，占受水区城市全部水厂设计供水能力的 43%。

# 第 3 章　供水配套工程布局方案综合评估

## 3.1　评估方法分析

从 20 世纪 70 年代起，国外在城市给水系统方面开始研究如何评估给水系统布局方案来提高其可靠性和经济性的问题。1977 年，美国戴姆林、沙米尔、阿拉德等首次提出了如何评价给水可靠性的问题；1981 年，美国 JAWWA 杂志发表了一篇名为《给水可靠性》论文。早期的给水系统布局评估研究大都停留在理论研究和系统分析上，没有很好地与工程实际结合起来，因此发展较为缓慢。经过 20 多年的发展，给水系统工程设施布局研究与评价仍然是给水系统所面临的最具挑战性的课题。在给水系统工程设施布局与评价研究中，有两个亟待解决的核心问题，即：最合适的评价方法，可接受的标准。我国对给水管网可靠性的研究起步比较晚，有关的文献和报道也较少。

目前，国内外关于给水系统工程设施布局评价的常用方法主要有 HACCP 体系、MLE 模型、指标体系法、层次分析法等。

**1. HACCP 体系**

危害分析和关键控制点（Hazard Analysis and Critical Control Point，HACCP）体系是通过系统地识别具体危害及其控制措施以保障安全的体系。1994 年哈维拉尔（Havelaar）最早对 HACCP 体系在城市给水系统的应用开展了试探性研究，他将常见的以地下水和地表水为水源的城市给水系统流程进行了一般性的概化，并以控制微生物污染为目标，分析了系统中各个过程潜在的危害、预防措施、是否为 CCP、监控参数和程序以及纠偏措施等。自 20 世纪 80 年代 HACCP 概念传入中国以来，我国在与饮用水生产相关的桶（瓶）装矿泉水（纯净水）行业出现了较多的应用实例。

**2. MLE 模型**

马尔科夫潜在作用方法（MLE 模型），应用一个自上而下的数学分解策略，通过概率或模糊数学方法，使得那些难以测量精确的目标项目能够用精确的数字表达。采用数学模型进行预测，给出自上而下的系统框架，并给出数学结果。数学结果为评价提供了一个很好的参考点且有助于管理决策。

一个 MLE 威胁评价模型包含一套决定元素及通过分解过程定义的输入。模型由一系列常数权因子和一个数据集组成。评价一个特殊的威胁是一个通过指定相应的属性值以及计算所有决定元素而获得评价分数的过程。评价分数结果提供一个威胁可信度的量度，通过比较不同威胁分数，并进行分级来鉴别最可信的威胁。

**3. 指标体系法**

指标体系（Indication System-IS）是若干个相互联系的统计指标所组成的有机体。指标体系的建立是进行预测或评价研究的前提和基础，它是将抽象的研究对象按照其本质属性和特征的某一方面的标识，分解成为具有行为化、可操作化的结构，并对指标体系中每一构成元素（即指标）赋予相应权重的过程。

国内在指标体系方面开展了较多的研究和探索，并将有关研究成果应用于指导实际工作。重庆大学龙腾锐等人就曾采用指标体系法对水厂选址适宜性进行分析。在水厂适应性分析评价指标体系中，主要以定性指标为主，可采用多目标综合评价方法中的权重评分法，各定性指标通过全部比选都采用定量计算，可在一定程度上避免主观臆断。

**4. 层次分析法（Analytic Hierarchy Process，AHP）**

AHP 法是一种多层次权重解析方法，于 20 世纪 70 年代末提出。它是一种在对复杂决策问题的本质、影响因素及内在关系进行深入分析后，利用较少的定量信息，将决策者的思维过程数学化，通过一系列运算，选出最优方案的分析法。

AHP 法主要有 4 个基本步骤（图 3-1）。一，从最高层（总目标层），通过中间层（制约因素层）到最低层（方案层），分析并建立一个层次结构模型；二，构造一系列下层各因素对上一层准则的两两比较判断矩阵，在构造判断矩阵的过程中，需要运用相对重要性的比例标度，通过比较两个元素的相对重要性，可变换得到一个衡量的数；三，层次单排序及一致性检验：计算各判断矩阵的最大特征值 $\lambda_{max}$ 及相应的特征向量，计算一致性指标 CI、一致性比率 CR；四，层次总排序及一致性检验：层次总排序实际上是对层次单排序进行加权组合；总排序之后，再计算整个层次结构模型的一致性。

综上，目前还没有一个成熟、完整的模型或软件可以同时评估系统布局的安全性、经济性及合理性。相对于其他评估方法，AHP 模型法层次分析法思路明确，计算简单，可为多目标、多准则的决策提供依据，更能够综合考虑城市供水系统配套工程设施布局的可靠性、经济性和合理性。因此，课题采用 AHP 法对城市给水系统配套工程设施布局进行评价。

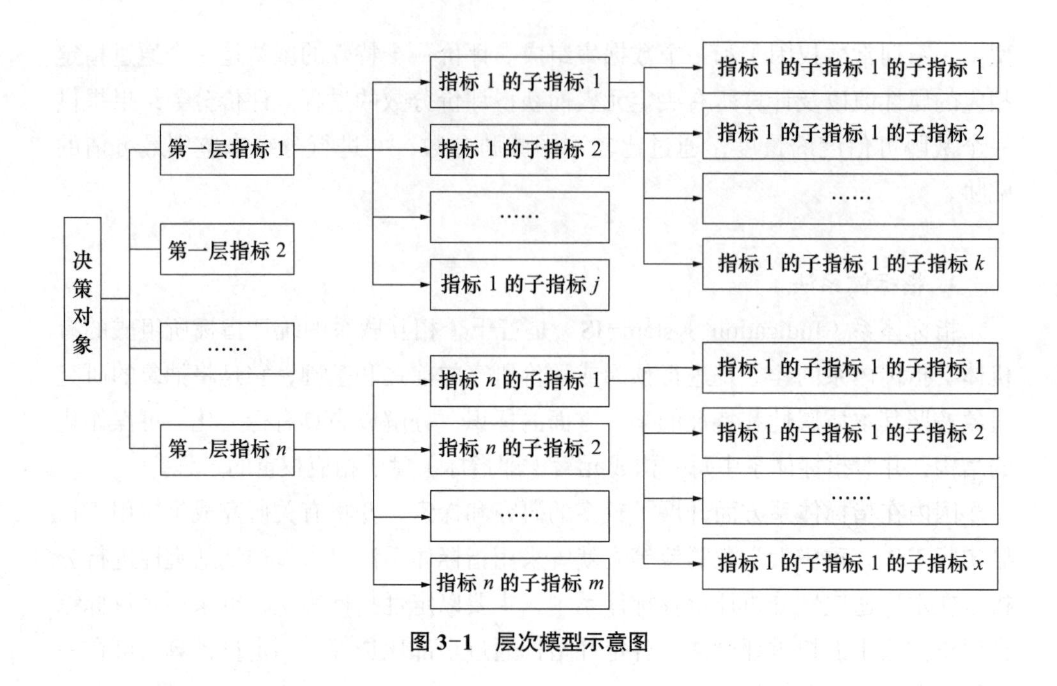


**图 3-1 层次模型示意图**

## 3.2 指标体系构建

**1. 指标选取原则**

1）科学性原则

评估指标体系的设计要遵循实事求是的原则，选取能够真实、准确反映被评价系统状态的指标，具有代表性和合理性，并在理论上有科学依据支撑。

2）全面性原则

评价指标体系作为一个有机整体，应从不同角度反映供水系统的特征，全面反映被评价对象。

3）可行性和可操作性

在基本满足评价要求和给出决策所需要的信息的前提下，应挑选易于计算、容易获得、具有普适性、并能在要求水平之上有很好代表性的指标。

4）简明性原则

在构建指标体系过程中，应尽量减少指标个数。各指标不能由其他指标代替，也不能由其他同级指标换算得来，各指标应尽量避免包含关系。

5）层次性原则

应根据影响类别设置分级层次，层次之间关系明确、权重合理，并与所选择的评价方法相容。

6）定性与定量相结合原则

增加能够较为全面评估给水系统配套工程设施布局的评估量化指标。

**2. 指标体系框架**

指标体系构建在于对城市总体规划和供水系统规划案例常用指标、现行规划设计标准体系以及表征建设实施层面在供水系统布局方面配合度的整体解读。在此基础上从城市规划、水源选取、水厂布局以及管网建设等国家政策要求出发，结合供水实施案例和标准规范对供水工程配合度评估指标进行频度分析和比选，从“水源、输水、水厂、管网”等环节入手，建立南水北调受水区城市供水工程规划建设关联配合度评估的指标体系框架（表3-1）。

**评估指标体系及指标类型　表3-1**

<table>
<tr><th>目标层</th><th>准则层</th><th>指标层</th></tr>
<tr><td rowspan="9">城镇供水配套工程布局方案评估</td><td rowspan="2">水源</td><td>水源选取合理性</td></tr>
<tr><td>备用水源能力</td></tr>
<tr><td rowspan="2">输水</td><td>输水管线布局</td></tr>
<tr><td>输水管线安全可靠性</td></tr>
<tr><td rowspan="3">水厂</td><td>现状水厂利用</td></tr>
<tr><td>南水引江水厂选址</td></tr>
<tr><td>水厂布局</td></tr>
<tr><td rowspan="2">管网</td><td>管网布局</td></tr>
<tr><td>现状管网利用</td></tr>
</table>

## 3.3　指标权重取值

专家对已确定的评估指标按照重要性进行排序，排序指标以二级指标和三级指标为主。确定指标权重应遵循自上而下的原则，即先确定一级评价指标权重，再确定二级评价指标权重。各一级评价指标权重之和为1；某一级评价指标权重等于其从属的各二级评价指标权重之和；某二级评价指标权重等于其从属的各三级评价指标权重之和。

在构造判断矩阵的过程中，需要运用相对重要性的比例标度。通过比较两个元素的相对重要性，可变换得到一个衡量的数，见表3-2。根据专家给出的评估指标排序结果，构建二级指标和三级指标之间的重要性比较结果；然后在指标权重确定后，请专家对城镇供水配套工程布局方案评估指标给予评价。

**因素比较重要程度的标度表　表3-2**

| | |
|---|---|
| $a_{ij}=1$ | $i$因素与$j$因素相比，同等重要 |
| $a_{ij}=3$ | $i$因素与$j$因素相比，$i$因素比$j$因素略重要 |
| $a_{ij}=5$ | $i$因素与$j$因素相比，$i$因素比$j$因素明显重要 |

续表

| | |
|---|---|
| $a_{ij}=7$ | $i$ 因素与 $j$ 因素相比，$i$ 因素比 $j$ 因素非常重要 |
| $a_{ij}=9$ | $i$ 因素与 $j$ 因素相比，$i$ 因素比 $j$ 因素绝对重要 |
| $a_{ij}=2$，4，6，8 | 以上两两比较的中间态 |
| 倒数 | $a_{ij}=1/a_{ji}$ |

**1. 水源**

1）水源选取合理性

水源结构用以评价城市供水规划对水源选择的合理程度。根据城市规划方案中水源结构、水源选择和利用方面，从贯彻优水优用、地下水合理开采、供水安全保障等角度进行评估。若城市水源选择非常合理，≥9分；一般，5-7分；差，≤5分。

2）备用水源能力

备用水源能力（或引江水调蓄能力）用以评价城市在发生缺水时的水源应急保障能力。备用水源和南水引江水调蓄池均具备此功能时，可评判其中一项。若备用能力大于 2 个月，≥ 9 分；1-2 个月，5-7 分；小于半个月，≤ 5 分。

**2. 输水**

1）输水管线布局

输水管线布局方案的合理程度，根据其能否满足常用、备用、应急水源之间切换使用需要来评分。若布局优，≥ 9 分；一般，5-7 分；差，≤ 5 分。

2）输水管线安全可靠性

输水管线安全性，根据其是否考虑穿越公路、铁路等障碍物和经过地质不良地段的影响进行评分。若安全性高，≥ 9 分；一般，5-7 分；低，≤ 5 分。

**3. 水厂**

1）现状水厂利用

现状水厂利用情况，根据其是否充分考虑水源、设施等情况和备用与应急供水需求进行评分。若合理性高，≥ 9 分；一般，5-7 分；差，≤ 5 分。

2）南水引江水厂选址

引江水厂选址合理性，根据其是否充分考虑与现状水厂的关系协调进行评分。若合理性高，≥ 9 分；一般，5-7 分；差，≤ 5 分。

3）水厂布局

水厂布局合理性，根据其是否充分考虑水源位置、地形地貌、城市用地布局的情况及能否满足水厂间调度需求进行评分。若合理性高，≥ 9 分；一般，5-7 分；差，≤ 5 分。

**4. 管网**

1）管网布局

管网布局，根据其是否考虑了城市空间形态和用地布局、地形地势的影响以及水系、铁路等障碍物影响进行评分。若合理性高，≥ 9 分；一般，5−7 分；差，≤ 5 分。

2）管网结构合理性

管网结构合理性，根据配水主干管的布局是否合理、管网结构是环状网还是枝状网进行评分。若合理性高，≥ 9 分；一般，5−7 分；差，≤ 5 分。

3）现状管网利用

对现状管网利用，根据是否充分、合理的利用现状供水管网进行评分。若利用充分，≥ 9 分；一般，5−7 分；差，≤ 5 分。

各方案总得分，即各项评价指标的权重乘以相应的专家打分数的总和，由分值的高低比较各方案的优劣。

## 3.4 指标权重优化

项目组选取了 9 位相关专业专家，根据 9 位专家给出的评估指标排序结果，构建二级指标和三级指标之间重要性的比较结果。计算同一层次所有因素对于高层（目标层）相对重要性的权值，确定评估指标的权重值（表 3−3）。指标层对目标层的权向量＝准则层对目标层的权向量 × 指标层对准则层的权向量。

**受水区城镇供水配套工程布局评估指标初始权重值汇总表** **表 3−3**

| 准则层 | 权重值 | 指标层 | 权重值 | 合成权重 |
|---|---|---|---|---|
| 水源 | 0.51 | 水源选取合理性 | 0.75 | 0.3825 |
| | | 备用水源能力 | 0.25 | 0.1275 |
| 输水 | 0.26 | 输水管线布局 | 0.75 | 0.195 |
| | | 输水管线安全可靠性 | 0.25 | 0.065 |
| 水厂 | 0.15 | 现状水厂利用 | 0.33 | 0.0495 |
| | | 南水引江水厂选址 | 0.34 | 0.051 |
| | | 水厂布局 | 0.33 | 0.0495 |
| 管网 | 0.08 | 管网布局 | 0.75 | 0.06 |
| | | 现状管网利用 | 0.25 | 0.02 |

考虑到不同专家在理论知识和实际经验等方面的差异，因此需要排除极端专家意见。分别计算每个专家权重向量与专家集体权重向量间的欧式距离、曼哈顿

距离和切比雪夫距离，将与集体权重向量距离远的专家意见作为极端意见剔除（表3-4）。

专家与群决策层次分析法权重汇总表（降序排列） 表3-4

| | 欧式距离 | 排序 | 曼哈顿距离 | 排序 | 切比雪夫距离 | 排序 | 排序平均 | 平均排序 |
|---|---|---|---|---|---|---|---|---|
| 专家1 | 0.598 | 5 | 1.931 | 5 | 0.284 | 5 | 5 | 5 |
| 专家2 | 0.428 | 3 | 1.253 | 3 | 0.188 | 3 | 3 | 3 |
| 专家3 | 0.778 | 7 | 2.377 | 7 | 0.321 | 6 | 7 | 7 |
| 专家4 | 0.999 | 8 | 3.223 | 8 | 0.432 | 8 | 8 | 8 |
| 专家5 | 1.067 | 9 | 3.373 | 9 | 0.447 | 9 | 9 | 9 |
| 专家6 | 0.236 | 1 | 0.753 | 1 | 0.106 | 1 | 1 | 1 |
| 专家7 | 0.572 | 4 | 1.723 | 4 | 0.280 | 4 | 4 | 4 |
| 专家8 | 0.236 | 1 | 0.753 | 1 | 0.106 | 1 | 1 | 1 |
| 专家9 | 0.658 | 6 | 2.098 | 6 | 0.326 | 7 | 6 | 6 |

通过每位专家权重结果与群决策权重结果的各种距离计算与排序，根据“二八定律”，剔除20%平均排序最远的专家。综合比较三种距离的排序结果，可以看出专家8、专家6、专家2、专家7、专家1、专家9、专家3在9位专家中是具有代表性的专家。

依据挑选后的结果，重新进行群决策计算，受水区城镇供水配套工程布局评估指标最终权重值见表3-5。

受水区城镇供水配套工程布局评估指标最终权重值汇总表 表3-5

| 准则层 | 权重值 | 指标层 | 权重值 | 合成权重 |
|---|---|---|---|---|
| 水源 | 0.487 | 水源选取合理性 | 0.554 | 0.270 |
| | | 应急备用水源能力 / 南水调蓄能力 | 0.446 | 0.217 |
| 输水 | 0.199 | 输水管线布局 | 0.677 | 0.135 |
| | | 输水管线安全可靠性 | 0.323 | 0.064 |
| 水厂 | 0.224 | 现状水厂利用 | 0.251 | 0.056 |
| | | 南水引江水厂选址 | 0.266 | 0.060 |
| | | 水厂布局 | 0.483 | 0.108 |
| 管网 | 0.09 | 管网布局 | 0.608 | 0.055 |
| | | 现状管网利用 | 0.392 | 0.035 |

对受水区城镇供水配套工程布局综合评价，判断等级模糊集确定后，从每个单因素角度确定待评对象对各等级模糊集的隶属度，进而构造模糊关系矩阵：

$$R=\begin{bmatrix} r_{11} & \cdots & r_{1m} \\ \vdots & \ddots & \vdots \\ r_{n1} & \cdots & r_{nm} \end{bmatrix}$$

利用模糊合成算法将权向量 $W$ 与模糊关系矩阵 $R$ 合成，得到待评对象的模糊综合评价向量 $S = W \cdot R$。

## 3.5　配套工程布局模式

南水北调中线受水区城镇类型众多，涉及直辖市、设区市、县级市（县城）；城镇自然地理条件不同、供水系统现状不同、引江水厂位置不同；为有效评估受水区配套工程布局，课题组在大规模调研基础上，依据现状有无集中水厂、有无地表水厂、规划城市布局形态、新建引江水厂位置等特点，将受水区配套工程归纳总结为 8 种布局模式（表 3-6）。

受水区配套工程布局分类一览表　　表 3-6

| 城市类型 | 布局分类 | 特点 |
| --- | --- | --- |
| 直辖市 | 模式 A | 现状有地表水厂和地下水厂，引江水厂数量多，主城区和组团分别新建引江水厂，实现“源水互补、清水互通” |
| 省会城市 | 模式 B | 现状有地表水厂和地下水厂，引江水厂数量多，主城区和组团分别新建引江水厂，联网共同供水 |
| 地级城市 | 模式 C | 现状有地表水厂和地下水厂，引江水厂数量少，新建引江水厂远离现状地表水厂，与现状地表水厂对置供水 |
|  | 模式 D | 现状有地表水厂和地下水厂，引江水厂数量少，新建引江水厂靠近现状地表水厂，与现状地表水厂临近供水 |
|  | 模式 E | 现状无地表水厂，地下水厂供水系统完善；新建引江水库和引江水厂，将现状地下水厂作为配水厂 |
|  | 模式 F | 现状无地表水厂，地下水厂供水系统完善；引江水厂数量少，新建引江水厂靠近现状水厂，现状水厂作为备用 |
| 县级城市 | 模式 G | 现状无地表水厂，地下水厂供水系统相对完善；新建 1 处引江水厂，现状水厂作为备用 |
|  | 模式 H | 现状无集中水厂，供水系统不完善；新建 1 处引江水厂 |

### 3.5.1　直辖市（模式 A，图 3-2）

城区蔓延范围广、供水规模大，现状有地表水厂和地下水厂；引江水厂数量多，主城区和组团分别新建引江水厂，输水管线沟通不同水源，配水干管连接不同城区，实现“源水互补、清水互通”。代表城市：北京市。

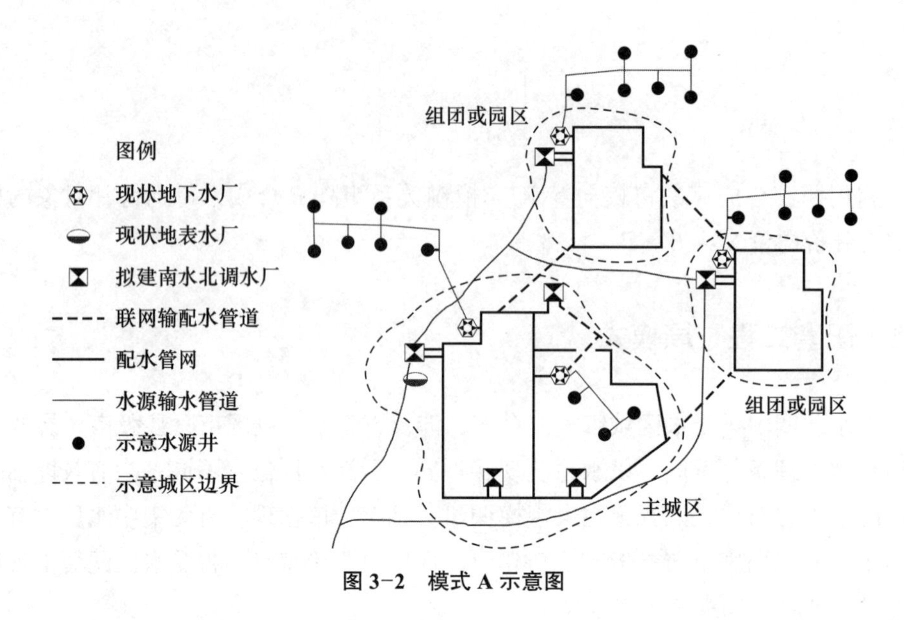


图 3-2 模式 A 示意图

### 3.5.2 省会城市（模式 B，图 3-3）

城区面积大，组团相对独立；现状有地表水厂和地下水厂，主城区和组团分别新建引江水厂，独立供水。代表城市：石家庄市。

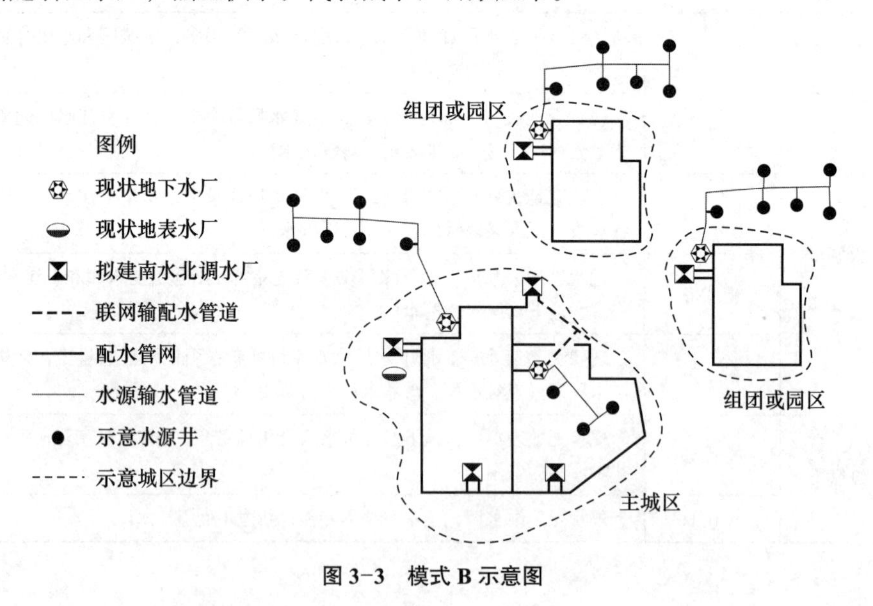


图 3-3 模式 B 示意图

### 3.5.3 地级城市

#### 1. 模式 C（图 3-4）

现状有地表水厂和地下水厂，新建引江水厂远离现状水厂，与现状水厂对置供水。代表城市：保定市。

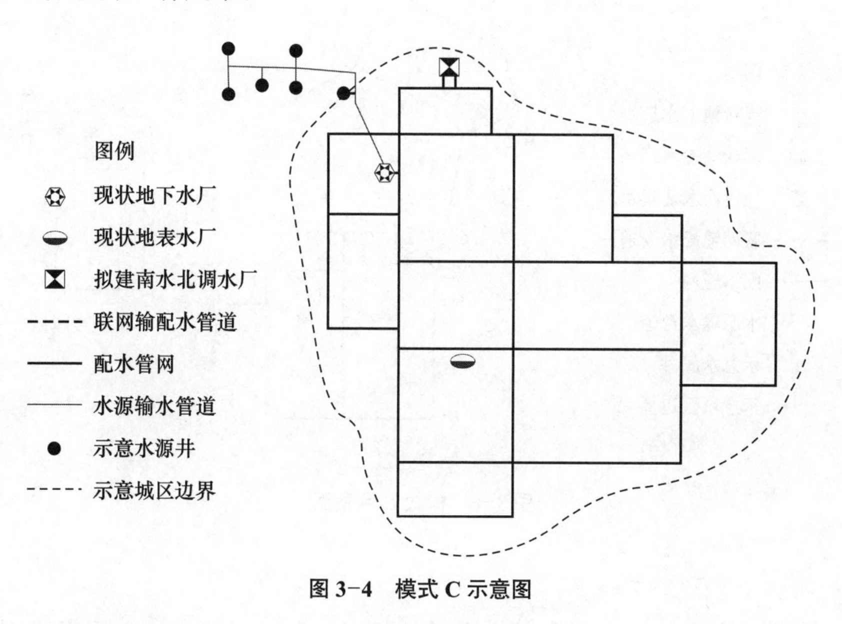


图 3-4　模式 C 示意图

**2. 模式 D（图 3-5）**

现状有地表水厂和地下水厂；新建引江水厂靠近现状地表水厂，与现状地表水厂临近供水。代表城市：沧州市。

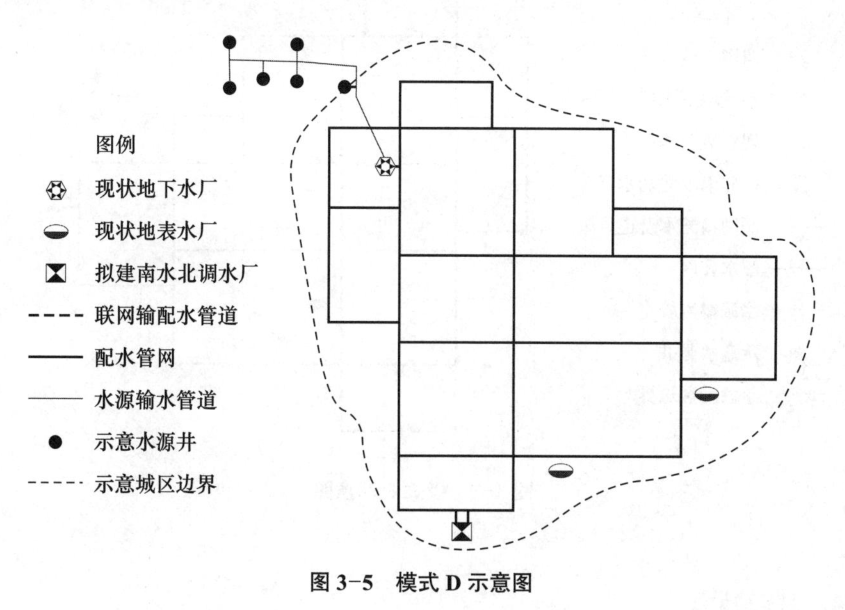


图 3-5　模式 D 示意图

**3. 模式 E（图 3-6）**

现状无地表水厂，地下水厂供水系统相对完善；新建引江水库和引江水厂，将现状地下水厂改为配水厂。代表城市：廊坊市。

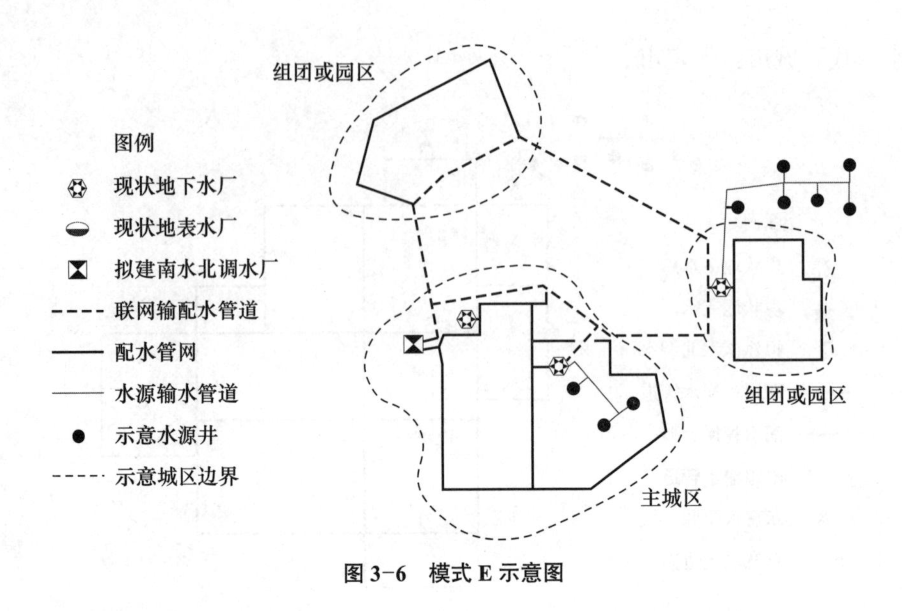


图 3-6 模式 E 示意图

**4. 模式 F（图 3-7）**

现状无地表水厂，地下水厂供水系统相对完善；新建引江水厂靠近现状水厂，现状水厂作为备用。代表城市：衡水市。

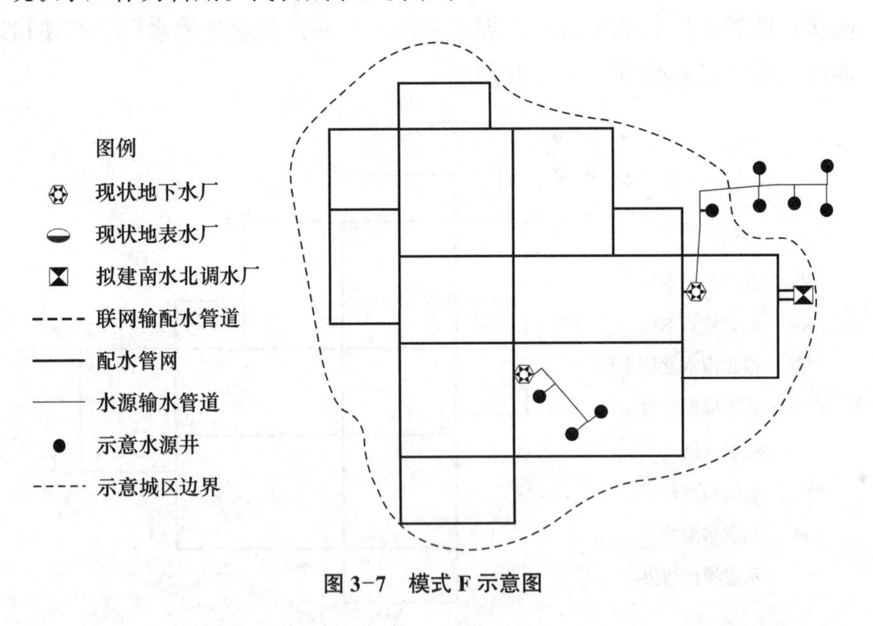


图 3-7 模式 F 示意图

### 3.5.4 县级城市

**1. 模式 G（图 3-8）**

现状无地表水厂，地下水厂供水系统相对完善；新建引江水厂远离现状水厂，现状水厂作为备用。代表城市：赵县。

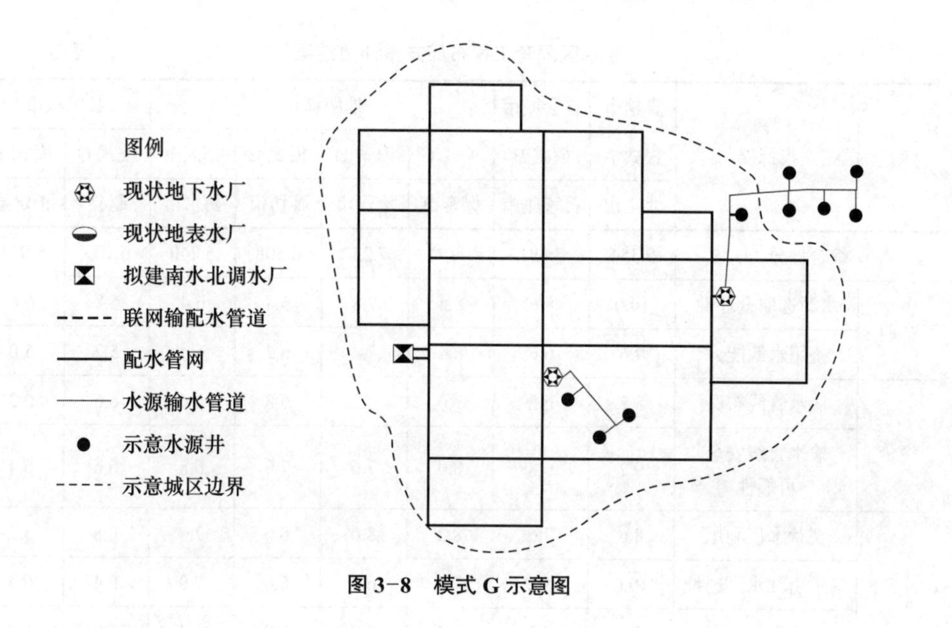


图 3-8　模式 G 示意图

**2. 模式 H（图 3-9）**

现状无集中水厂，新建引江水厂。代表城市：正定县。

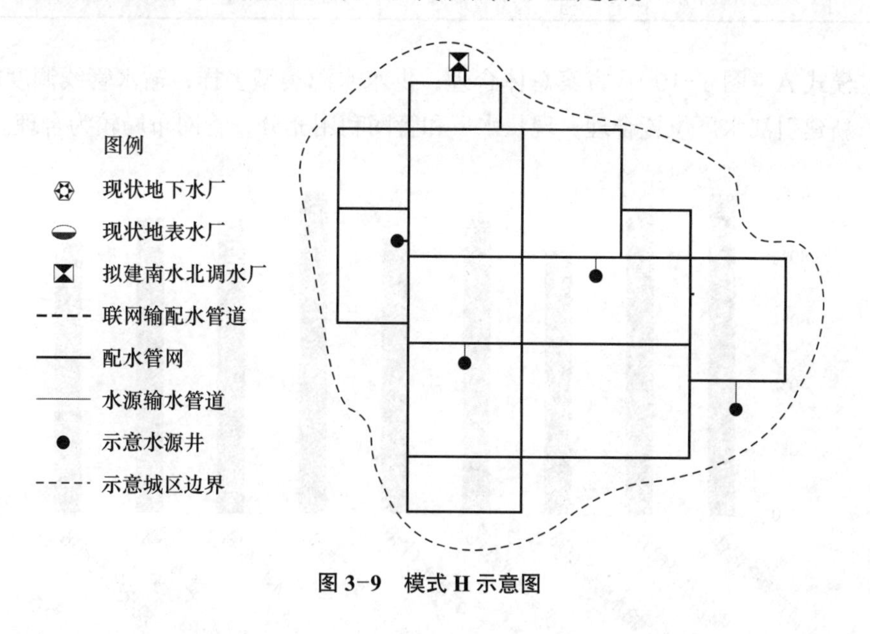


图 3-9　模式 H 示意图

## 3.6　配套工程布局评估

从配套工程布局模式中，各选取 1 座代表城市，分别是北京市、石家庄市、保定市、沧州市、廊坊市、衡水市、赵县、正定县。采用受水区城镇供水配套工程布局评估指标体系，对代表城市的配套工程布局进行评估（表 3-7）。

受水区配套工程布局方案评估结果　　表 3-7

| 准则层 | 指标层 | 直辖市 | 省会城市 | 地级城市 | | | | 县级城市 | |
|---|---|---|---|---|---|---|---|---|---|
| | | 模式 A | 模式 B | 模式 C | 模式 D | 模式 E | 模式 F | 模式 G | 模式 H |
| | | 北京市 | 石家庄市 | 保定市 | 沧州市 | 廊坊市 | 衡水市 | 赵县 | 正定县 |
| 综合评分 | | 9.354 | 7.491 | 7.796 | 7.232 | 6.508 | 6.240 | 6.109 | 5.951 |
| 水源 | 水源选取合理性 | 10.0 | 8.6 | 8.4 | 7.8 | 6.8 | 6.4 | 6.2 | 6.6 |
| | 备用水源能力 | 9.6 | 6.6 | 8.4 | 7.4 | 6.2 | 6.4 | 5.2 | 5.0 |
| 输水 | 输水管线布局 | 8.2 | 6.2 | 7.0 | 6.8 | 6.8 | 6.6 | 6.6 | 6.2 |
| | 输水管线安全可靠性 | 9.2 | 6.8 | 8.0 | 7.6 | 7.0 | 6.8 | 6.6 | 6.4 |
| 水厂 | 现状水厂利用 | 8.6 | 7.6 | 8.2 | 8.0 | 6.6 | 7.0 | 6.8 | 5.2 |
| | 南水引江水厂选址 | 10.0 | 8.6 | 7.0 | 6.2 | 6.0 | 7.0 | 6.4 | 6.4 |
| | 水厂布局 | 9.2 | 7.2 | 6.8 | 5.8 | 6.0 | 6.4 | 6.0 | 6.0 |
| 管网 | 管网布局 | 9.2 | 8.2 | 6.2 | 7.2 | 6.4 | 6.8 | 6.6 | 6.4 |
| | 现状管网利用 | 8.4 | 8.4 | 8.4 | 7.8 | 6.6 | 6.4 | 6.2 | 5.4 |

模式 A（图 3-10）：方案总体合理；供水水源类型多样，输水管线调度能力强，新建引江水厂位置合理，现状水厂和管网利用充分，管网布局较为合理。

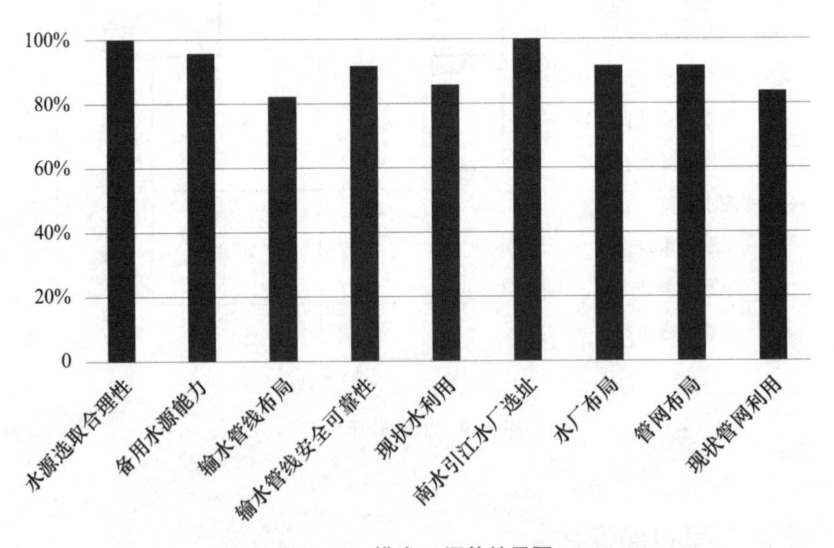


图 3-10　模式 A 评估结果图

模式 B（图 3-11）：方案总体合理；供水水源类型多样，新建引江水厂位置合理，现状水厂和管网利用充分，管网布局较为合理。但输水管线未考虑不同水源切换需求，部分配水支管多次穿越水系、铁路等。

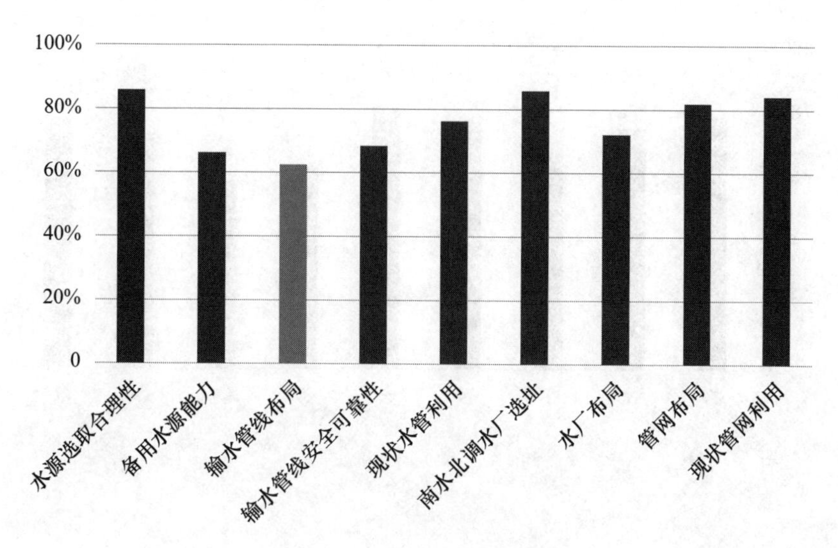


图 3-11 模式 B 评估结果图

模式 C（图 3-12）：方案总体合理；供水水源类型多样，新建引江水厂位置合理，现状水厂和管网利用充分。但水厂布局均衡性较差，管网分区考虑不周。

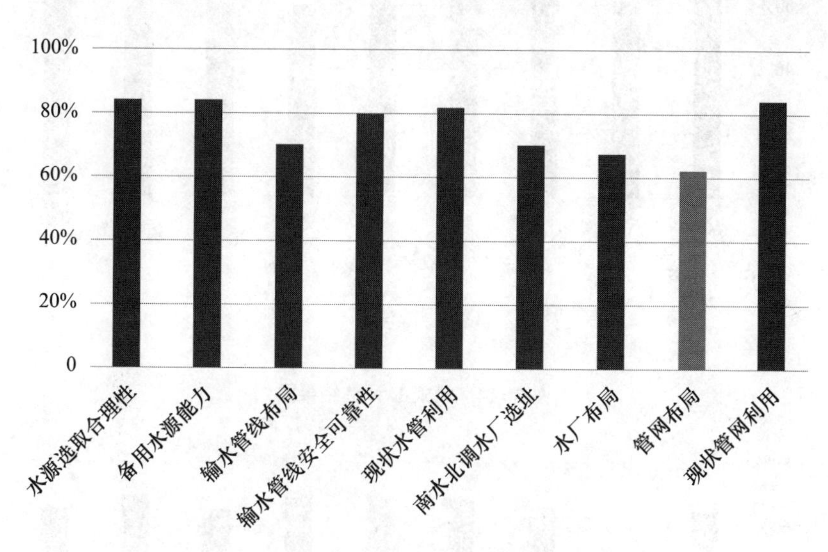


图 3-12 模式 C 评估结果图

模式 D（图 3-13）：方案总体合理；供水水源类型多样，江水调蓄能力充足，新建引江水厂位置合理，现状水厂和管网利用充分。但水厂布局均衡性较差。

模式 E（图 3-14）：方案总体较合理；江水调蓄能力充足，新建引江水厂位置合理，现状水厂和管网利用充分。但水厂布局均衡性较差，管网分区考虑不周。

模式 F（图 3-15）：方案总体较合理；江水调蓄能力充足，新建引江水厂位置合理，现状水厂和管网利用充分。但水厂布局均衡性较差。

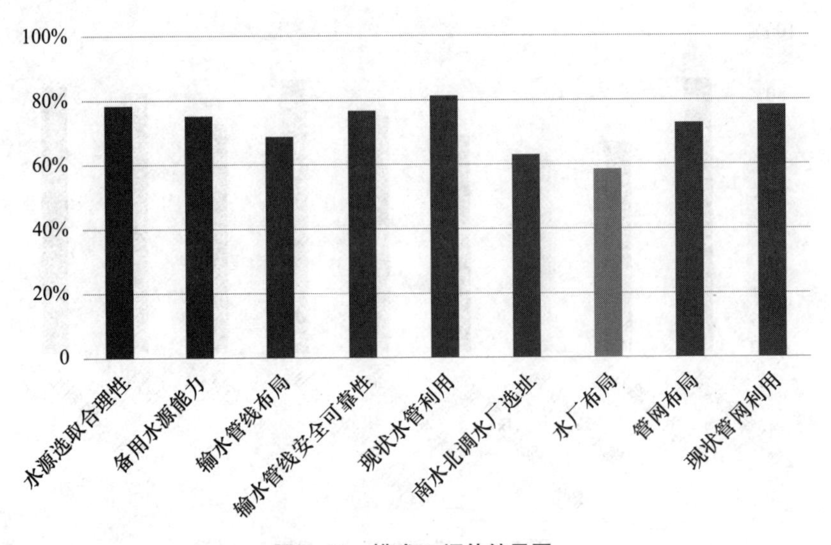


图 3-13 模式 D 评估结果图

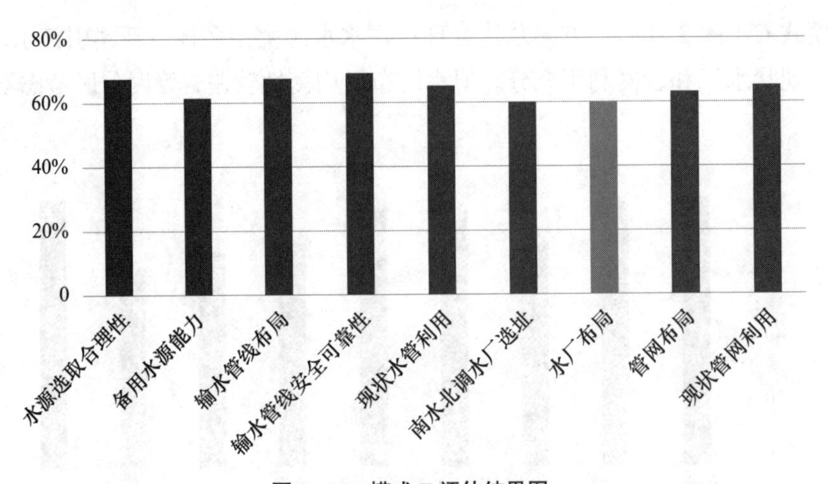


图 3-14 模式 E 评估结果图

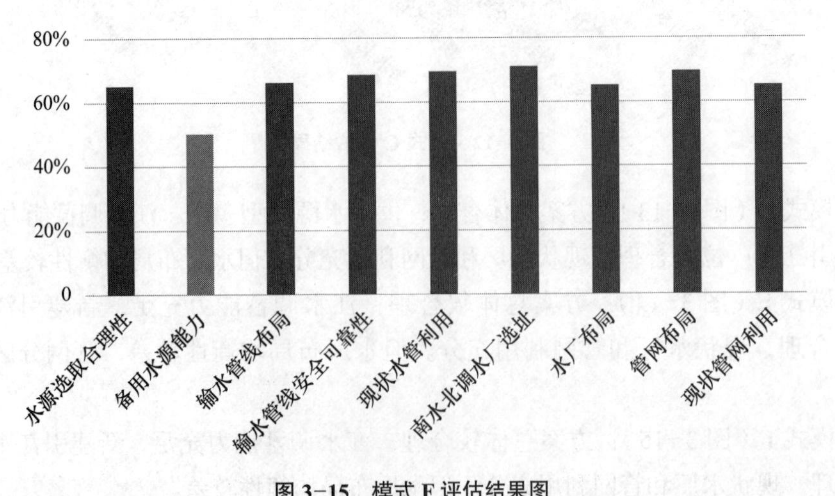


图 3-15 模式 F 评估结果图

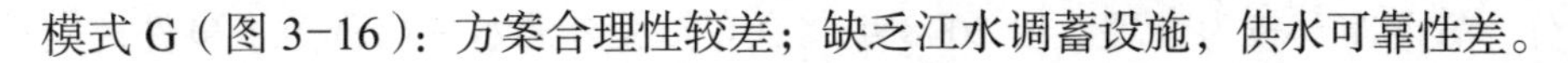
模式 G（图 3-16）：方案合理性较差；缺乏江水调蓄设施，供水可靠性差。

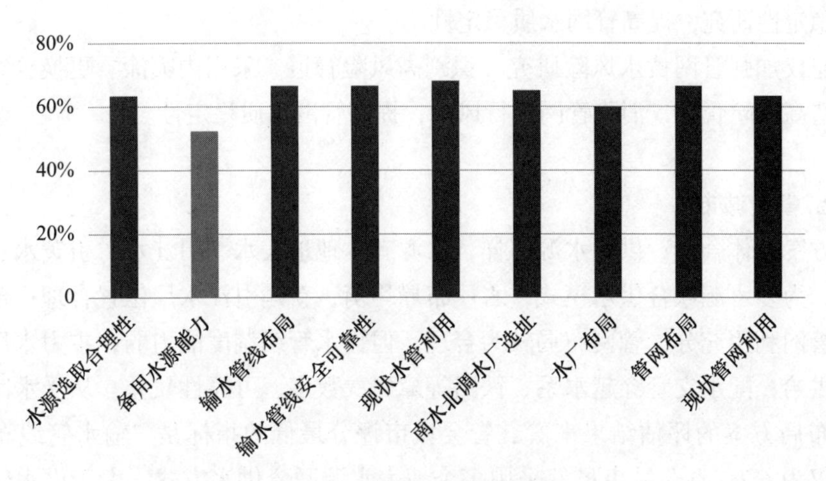


图 3-16 模式 G 评估结果图

模式 H（图 3-17）：方案合理性较差；缺乏江水调蓄设施，供水可靠性差。

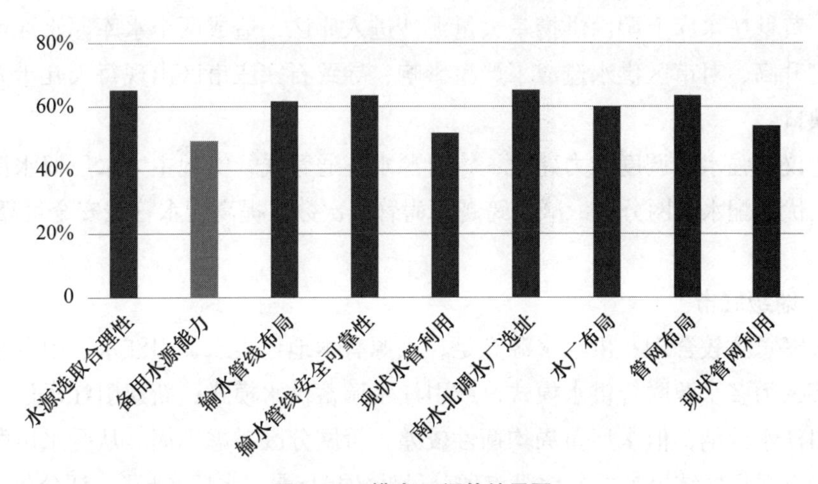


图 3-17 模式 H 评估结果图

## 3.7 结论与建议

在对受水区城市配套工程布局方案评估的基础上，认真分析各类配套工程布局方案，作出如下评估结论和优化建议：

**1. 直辖市**

方案总体合理；供水水源丰富，水源有本地地表水、引江水、地下水等，为多水源联合供水模式；输水管线调度能力强，连通不同类型水源，主力水厂均为双水源供给；水厂布局均衡，新建引江水厂位置合理；现状水厂和管网利用充分，管网布局较为合理。但2008年北京在接受外调水后出现黄水事件，应重视管网稳定性研究，提高管网水质稳定性。

建议加强管网黄水风险研究、识别高风险管道，采用内喷涂、更换管线等方式改造高风险管道，消除管网运行风险，提高管网水质稳定性。

**2. 省会城市**

方案总体合理；供水水源多样，水源有本地地表水、引江水、引黄水、地下水等，为多水源联合供水模式；水厂布局均衡，新建引江水厂位置合理；现状水厂和管网利用充分，管网布局较为合理。但输水管线调度能力弱，主力水厂为单水源供给；配水支管穿越水系、铁路等障碍次数多、可靠性较差。从受水区配套工程布局方案的评估结果来看，省会城市评分最低的指标是“输水管线布局”，评分仅为6.2。省会城市虽然采用多个地表水源联合供水方式，由于供水管线只能连通单一地表水源，无法实现不同水源间的切换，一旦发生突发水源事件，主力地表水厂将无法正常运行，城市正常供水中断。例如，2016年7月，石家庄市岗南、黄壁庄水库上游山洪携带大量泥沙进入库区，造成两个水库原水浊度突然大幅度升高，对市区供水造成了严重影响，导致石家庄市区出现每天几十万吨的供水缺口。

建议加强水源调度能力建设，构建源水连通管线，实现主力水厂双水源供水模式；优化配水管网分区，减少跨越障碍管线次数，提高配水管线安全可靠性。

**3. 地级城市**

方案总体较合理；供水水源充足，水源有本地地表水、引江水、引黄水、地下水等，为多水源联合供水模式，或引江水调蓄供水模式；新建引江水厂位置有利于引江水消纳，但水厂布局均衡性较差，管网分区考虑不周。从受水区配套工程布局方案评估结果来看，地级市评分最低的指标是“水厂布局”，评分仅为6.2。水厂布局均衡性不仅会影响给水系统的供水可靠性，还会影响供水系统日常运行效率。如沧州市4座水厂全部布局在城市南侧，虽然与江水来水方向相同，有利于江水接入，但是城市北部缺少水厂，水厂布局均衡性较差，系统整体运行效率降低。

建议分期实施配套引江水厂，开展水厂布局优化研究，适时调整水厂规模与位置，构建科学合理的供水系统布局，提高供水系统运行效率。

**4. 县级城市**

供水可靠性差，缺乏江水调蓄设施，正常供水不能保障。从受水区配套工程布局方案的评估结果来看，县级市评分最低的指标是“江水调蓄能力”，评分仅为 5.1。由于南水北调工程与城市用水的供需过程不匹配，以及干支渠检修的需要，受水区城市每年将有较长时间的江水资源缺口；假如缺少相应的调蓄设施，受水区城市甚至面临无水可供的局面。根据对南水北调河北受水区配套工程调研情况，绝大部分县级城市（90% 以上）缺少江水调蓄设施或其他地表水源切换的条件。

建议尽快启动配套的水源调蓄工程，合理确定调蓄规模和位置、落实调蓄工程用地和资金，为地表水厂提供稳定、可靠的水源，保障县级城市供水。

# 第4章　供水系统的安全风险评估

## 4.1　风险识别与评估

### 4.1.1　风险识别

风险识别的目的是减少系统的潜在破坏，提高系统的安全可靠性。

任何系统均存在风险因素，发生概率较高或造成的后果比较严重的风险因素称为危险因素，由危险因素导致的事件称为事故，因此风险、危险、事故之间存在层次递进关系。事故指违反人的意志的突发事件，危险指可能导致事故的状态，风险指危险可能性和严重性。

风险的类型，可分为技术性和非技术性风险两大类。技术性风险指存在于系统构成部分的内在风险因素，非技术性风险指系统存在的环境或条件对系统构成的风险，如管理、自然环境、社会政治等外在风险因素。

常用的风险识别方法有层次分析法、德尔菲法、头脑风暴法、风险树法等。

层次分析法是一种定性和定量相结合的、系统化、层次化的分析方法。由于它在处理复杂决策问题上的实用性和有效性，通过建立层次结构模型，构造成对比较阵、计算权向量并做一致性检验，达到简单明了的效果，适用于存在不确定性和主观信息的情况，还允许以合乎逻辑的方式运用经验、洞察力和直觉。层次分析法应用十分广泛，遍及经济计划和管理、能源政策和分配、行为科学、军事指挥、运输、农业、教育、人才、医疗和环境等领域。

德尔菲法依据系统的程序，采用匿名发表意见的方式，即专家之间不得互相讨论，不发生横向联系，只能与调查人员发生关系，通过多轮次调查专家对问卷所提问题的看法，经过反复征询、归纳、修改，最后汇总成专家基本一致的看法，作为预测的结果。这种方法具有广泛的代表性，较为可靠。

头脑风暴法可分为直接头脑风暴法（通常简称为头脑风暴法）和质疑头脑风暴法（也称反头脑风暴法）。前者是在专家群体决策中尽可能激发创造性，产生尽可能多的设想的方法，后者则是对前者提出的设想、方案逐一质疑，分析其现实可行性的方法。实践经验表明，头脑风暴法可以排除折中方案，对所讨论问题通过客观、连续的分析，找到一组切实可行的方案。

### 4.1.2　风险评估

常见的风险评估方法，有概率评估法、定性评估法、半定量评估法、定量评估法等。概率评估与定性评估法简单易行，但结果无法量化，主观性较强；完全定量评估法由于某些风险因素无法定量，会造成定量结果与实际偏差较大，无指导意义。因此在风险评估中常采用半定量评估法。半定量评估的两个因变量为事故发生的概率和事故后果的严重程度。风险因素发生的概率若有实测资料，可根据实测资料进行统计；如无资料，可参考类似因素进行预测。后果的严重性可进行等级划分。根据评估结果和对事件可接受程度，划分风险等级。

风险评估的步骤通常为：资料收集与分析研究、选择评估或分析方法、进行定性及定量分析、划分危险等级。

## 4.2　受水区城市供水系统风险要素识别

### 4.2.1　受水区城市供水系统风险因素范围

**1. 传统供水系统**

对城市供水系统进行脆弱性分析能够明确其安全薄弱环节所在，供水部门按照优先次序升级安全系统、改善管理政策，确定降低系统风险的方法，增强系统的安全性。城市供水系统脆弱性分析主要包括以下六个基本要素：

1）城市供水系统的特点，包括其任务、目标、设施、运行特点等；

2）分析系统由于威胁发生而导致的不利后果；

3）确定可能遭受人为攻击从而造成不利后果的关键设施；

4）分析破坏者采取攻击的可能性；

5）评估现有的安全措施；

6）分析现存风险并制定降低风险的计划。

不同城市供水系统的脆弱性分析具有不同的特点，主要基于以下几个方面：系统规模、用户状况、原水系统特点、水处理系统及处理流程的复杂性、系统的基础设施及其他因素。根据以上原则，综合美国环保署（EPA）提出城市供水系统风险应该包括以下基本要素，如表4-1所示：

**城市供水系统风险因素及分析要点　　表4-1**

| 风险因素 | 考虑要点 | |
|---|---|---|
| 城市供水系统特点，包括人物、目标、设施及运行特点 | 确定系统服务对象 | |
| | 1 | 一般生活用水 |

续表

| 风险因素 | 考虑要点 | |
|---|---|---|
| | 2 | 政府用水 |
| | 3 | 军事用水 |
| | 4 | 工业用水 |
| | 5 | 医院用水 |
| | 6 | 消防用水 |
| 城市供水系统特点，包括人物、目标、设施及运行特点 | 完成任务或避免不利后果所需的关键设施、财产及政策等 | |
| | 1 | 操作程序 |
| | 2 | 管理策略 |
| | 3 | 水处理系统 |
| | 4 | 储水方式及能力 |
| | 5 | 化学药品使用和储藏 |
| | 6 | 输配水系统的运行状况 |
| | 7 | 供电的等级 |
| | 8 | 交通等级 |
| | 9 | 化学危险品等级及使用频率 |
| 分析系统由于威胁发生导致的不利后果 | 1 | 停水时长 |
| | 2 | 经济损失 |
| | 3 | 发病或死亡人数 |
| | 4 | 对公众信心的影响 |
| | 5 | 特殊事件的长期影响 |
| | 6 | 其他表征损失的指标 |
| 确定破坏造成不利后果的关键设施 | 1 | 管道及传输设备 |
| | 2 | 机械性阻碍物（栅栏、格栅等） |
| | 3 | 取水、预处理及水处理设施 |
| | 4 | 储水设施 |
| | 5 | 电力、计算机及其他自动化设备 |
| | 6 | 化学药品的使用、储存及处理设施 |
| | 7 | 运行维护系统 |
| 分析破坏发生的可能性 | 分析不同破坏发生的种类和形式的概率，与城市供水系统的位置、规模等相关 | |
| | 分析人为故意破坏的可能，采取的不同攻击形式的可能性 | |

续表

| 风险因素 | 考虑要点 | |
|---|---|---|
| 评估现有的安全措施 | 评估现有的供水设施“监视、延迟、反应的能力” | |
| | 1 | 评估现有监视能力，如：在线监测及预警系统 |
| | 2 | 评估现有的延迟能力，如：关键设施的保护措施、阻拦措施 |
| | 3 | 评估现有的反应能力，如：故障报警、水质异常报警等 |
| | 网络系统、SCADA 或 GIS、WATERGMS 等系统是否有保护措施 | |
| | 1 | 防火墙 |
| | 2 | 调制协调器端口协议 |
| | 3 | 互联网防侵入系统 |
| | 4 | 备用操作系统 |
| | 现有安全措施完整性 | |
| | 1 | 个人安全措施 |
| | 2 | 物理安全措施 |
| | 3 | 入口证件控制 |
| | 4 | 系统运行规律和数据控制 |
| | 5 | 化学药品控制 |
| | 6 | 员工安全训练及考核 |
| 分析现存风险，制定降低风险计划 | 评估风险水平是否可接受，是否需要采取降低风险的措施 | |
| | 确定降低风险的措施，改进监视、延迟和反应能力。对于拟采取的改进措施，从近远期进行技术经济分析 | |
| | 一般情况下，可采取的降低供水系统风险的措施有以下三类 | |
| | 1 | 加强运营能力 |
| | 2 | 升级系统 |
| | 3 | 安全系统升级 |

**2. 南水北调工程**

南水北调工程主要风险要素包括水利、水量、水质三方面。

1）水利方面

南水北调东线工程的主要特性为：东平湖以南地区输水采用并联形式，东平湖以北地区采用串联形式。这样并联的输水方式大大增加了东线输水工程的输水安全性。根据南水北调东线工程的组成特点和工程的功能特性，将东线工程系统分成三个子系统：提水系统、输水系统和蓄水系统。提水系统主要有东线一期共13级梯级。输水系统主要指东线工程输水河道和穿黄工程。蓄水系统主要指输水沿线的洪泽湖、骆马湖、南四湖和东平湖。

提水系统的主要风险因子有：1）泵站系统提水效率；2）泵站系统工程安全两大类。影响泵站系统提水效率的主要因素包括：泵站拦污设备和进流旋涡在内的运行条件、电网电压和设备老化在内的设备质量、水泵特性误差和管路特性误差在内的技术状况。影响工程安全的主要因素包括：工程位置、洪水水位、堤防高度等防洪条件。

根据输水系统的主要破坏模式，识别输水系统的主要风险因子。输水河道的主要失事模式有：漫堤失事、渗透失事和失稳失事。影响漫堤失事的主要因素有洪水水位和堤防高度；影响渗透失事的主要因素有暴雨强度或水流冲刷力和土体物理特性。穿黄隧道的主要破坏模式是隧道塌陷，其主要影响因素为突水、突泥和地面地基塌陷。

东线工程的建设运行引起沿线湖泊蓄水位的升高。因此，蓄水系统的工程风险界定为天然湖泊堤防失事，不能满足规划要求的蓄水功能的要求。因此，上述输水系统中河道堤防的三种失效模式及其影响因素同样适用于湖泊的工程风险因子。

根据南水北调中线工程的组成特点和功能特性，将复杂的中线工程分成四个子系统：交叉建筑系统、输水干渠系统、穿黄穿漳系统和控制建筑物系统。根据建筑物的形式，交叉建筑物系统可分为渡槽、倒虹吸、涵洞三大类；输水干渠工程系统主要指输水总干渠沿线除去交叉建筑物以外的明渠输水工程和北京市、天津市段的暗渠输水工程；穿黄穿漳工程系统主要指输水总干渠穿越黄河等隧道。控制建筑物系统主要指节制闸工程。

根据交叉建筑物的结构形式，分析得出渡槽、倒虹吸和涵洞三类交叉建筑物的失效模式有：整体失稳、渗漏水和裂缝三类。风险因子有：暴雨洪水、地质灾害、低温冻融、人为因素四类。

根据明渠的四种破坏模式：漫顶、沉陷、失稳和冻害，分析确定明渠的失效因子。影响明渠漫顶的风险因子主要有：渠坡稳定性、渠高稳定性和渠道水位；影响明渠沉陷的主要风险因子有：材料老化程度、渠深和渠基础特性；影响冻灾的主要风险因子有：材料的抗冻性、外界温差及渠道水流流速。暗涵系统风险因子识别同明渠系统，但在破坏模式上有细微的差别，明渠为漫顶失事，而暗涵不存在漫顶失事，而是渗漏失事。其他三种失效模式在暗涵系统中同样存在，各类失效模式的风险因子也类似。

穿黄穿漳工程的主要破坏模式同东线的穿黄隧道，即为隧道塌陷，其主要影响因素为突水或突泥和地面地基塌陷。

2）水量方面

南水北调中线工程水源区和受水区分属长江、淮河、黄河、海河四大流域，不同流域的水文特性受气候、下垫面及人类活动的影响，降水丰枯变化存在差异性和不确定性，影响水源区的可调水量和受水区的需水量，给南水北调中线工程正常调水带来一定的风险。中线线路正位于我国大地形自东向西抬起的第一大阶梯之东缘，基本上处于东部平原气候与中、西部山区气候的交界带上；同时，有很长一段线路正穿越我国南北季风气候过渡区的中原腹地（河南省等），处于我国南、北两支主要大锋区之间的相对锋消区内。一年之中，大部分时间的雨水稀少；且干旱期间的日照强、水分蒸散量大、空气与土壤干燥，若无较强的降水或阶段性气候（转换）振荡的发生，旱情不易缓解，常易出现连续性的干旱或重旱。

长江流域的水资源比较丰富，汉江是长江中下游最大的支流。中线的水源主要是由汉江上游的丹江口水库供给。丹江口以上集水面积95217km$^2$，约占汉江全流域的70%。据长江水利委员会引用20世纪50年代以后的资料分析，丹江口大坝由已建的157m加高至170m，扣除上游用水和当地发电、灌溉、航运、生活等水量，多年平均可调水量97亿m$^3$，保证率为95%年份可调水量为36亿m$^3$。按远期年均调水130亿m$^3$计，年均调水量占丹江口大坝以上天然径流量的1/3以上。中线供水区年均外调水源占汉江水量的比重相当大；遇枯水情况时，外调与当地用水之间的矛盾较大。

康玲等采用1961-2006年实测降水资料，对南水北调中线工程水源区（丹江口以上地区）和4个受水区（唐白河、淮河、海河南系、海河北系）丰枯遭遇进行风险分析（图4-1）。研究表明，水源区和4个受水区同时遭遇枯水年的概率分别为22%、23%、16%和15%。河北省受水区主要分布在海河南系流域内，受水区同时遭遇枯水年的概率达到16%。

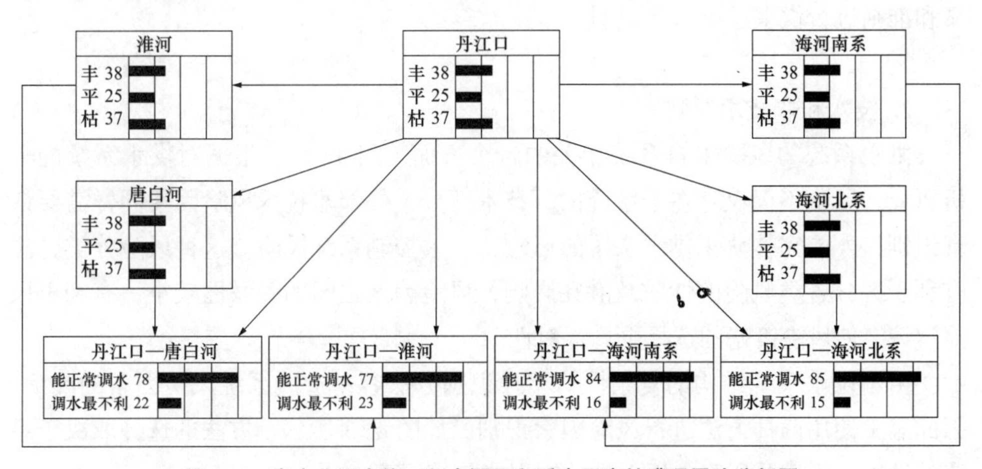


图4-1　南水北调中线工程水源区和受水区丰枯遭遇风险分析图

穿黄穿漳工程运行带来的水量风险：

穿黄工程位于郑州黄河铁路大桥上游约 30km 处，工程南岸起于荥阳市王村镇李村附近、北至黄河北岸，总长度 19.3km。主要建筑物有南岸连接明渠、南岸退水洞、穿黄隧洞段和进口建筑物（含邙山隧洞）、主河槽穿黄隧洞段、出口建筑物、北岸连接明渠、北岸新蟒河和老蟒河倒虹吸、北岸防护堤及渠与渠交叉建筑物等。主河槽下面隧洞长 3.45km，埋深 30m，离黄河水最近处 25m 左右，采用双洞并排穿越，净过水内径 7m。工程设计输水流量 265m$^3$/s，加大流量 320m$^3$/s。

穿漳工程位于河南省安阳市京广线漳河铁路桥以西 2km 处，为南水北调中线一期总干渠穿漳河交叉建筑物工程，由倒虹吸、进口检修闸、退水排冰闸、出口节制闸和两岸连接渠等部分组成，轴线全长 1081m、其中倒虹吸段长 619m。工程设计流量为 235m$^3$/s，加大流量为 265m$^3$/s。

### 4.2.2 识别原则

**1. 全寿命周期成本（LCC）原则**

全寿命周期（LCC）指不仅考虑产品的功能和结构，而且要考虑从产品的规划、设计、施工（生产）、运行、维修保养、直到回收再用处置的全过程，意味着在设计阶段就要考虑到产品寿命历程的所有环节，以求产品全寿命周期所有相关因素在产品设计阶段就能得到综合规划和优化。

产品或者项目进行全寿命分析要遵循四个准则：功能适用性、技术先进性、环境协调性、经济合理性。供水系统虽然在其运营期间发挥作用，但是系统的风险存在于从规划 - 施工 - 运营的全寿命周期。规划与施工期间的风险一旦发生，控制补救难度大、造成损失大、对后期运营影响大。因此，应当按照 LCC 的定义和准则进行供水系统风险识别。

**2. 技术和非技术原则**

供水系统的风险来自系统相关的各个方面（图 4-2）。根据对供水系统的分析研究，风险不仅仅存在于系统内部技术部分，外部非技术风险因素同样需要认真识别，才能完整认识供水系统的风险，有效控制系统风险。这种风险分类方法有利于区分各类风险的性质及潜在影响，风险因素之间的关联性较小，有利于风险辨识，使风险策略的选择更具针对性。

由于供水系统结构的复杂性，单种识别方法容易造成系统风险因素的漏项，因此至少使用两种方法进行风险因素识别，如图 4-3 所示。方法的选择取决于系统的性质、规模及风险分析人员的知识背景等因素。

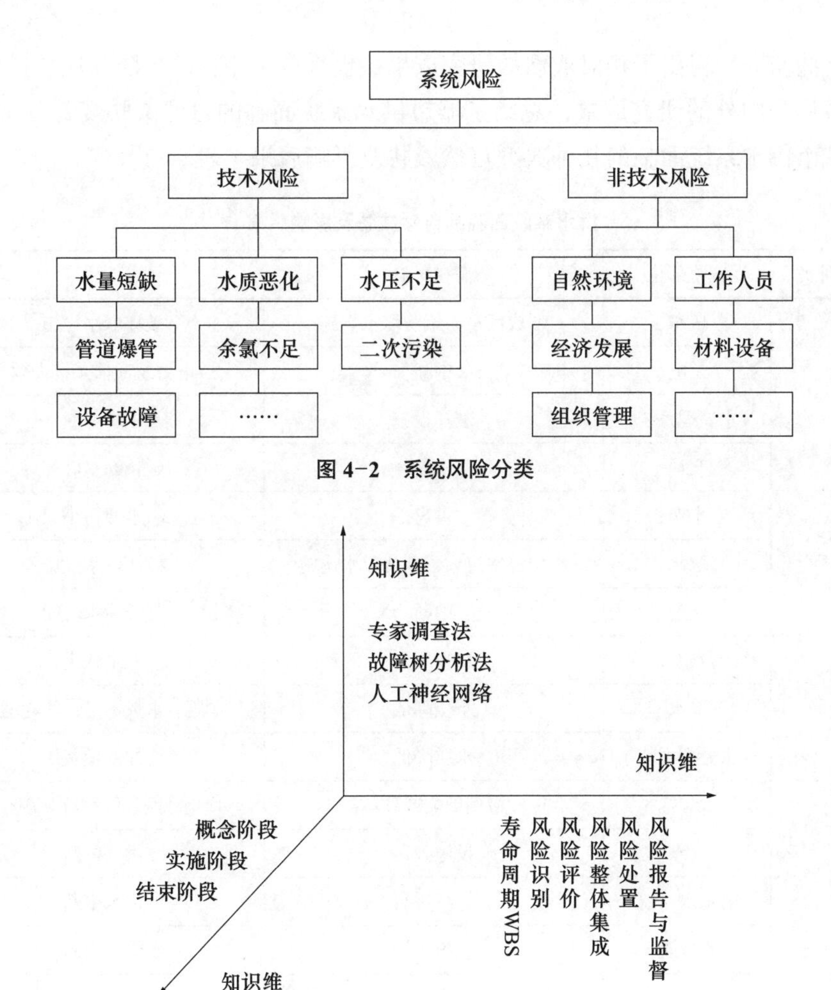


图 4-2 系统风险分类

图 4-3 风险交叉识别法

## 4.3 供水系统风险要素定量化分析

运用风险识别的一般方法和原则，结合城市供水系统的特点，对城市供水系统进行风险要素的定量化分析。首先，根据供水规模、运行特点、周边环境、安全设施等因素，确定城市供水系统面临的风险；接着，对系统面临的风险进行定量化计算，求得风险水平；然后，在风险定量化的基础上，模拟系统在风险发生后，相对于正常运行状态的功能缺失程度，并进行定量化求解；最后，利用风险水平和功能缺失程度的计算结果，定量化分析城市供水系统的脆弱性。

### 4.3.1 自然风险

城市供水系统面临的自然风险有哪些及其对系统的危害有多大，国内外已进行过一些研究，得出了相对成熟的研究成果，也采取了相关的预防和应急措施。

根据国内外的研究成果，总结了城市供水系统面临的自然威胁及其危害，列举了城市供水系统面临的几种典型自然威胁及影响后果（表 4-2）。

**供水系统面临的自然威胁及影响后果** **表 4-2**

| 灾害种类 | 威胁部位 | 潜在影响 | 可能后果 |
|---|---|---|---|
| 台风 | 取水 | 形成巨浪，威胁取水设施 | 破坏取水设施 |
| | 供电 | 中断 | 电力及通信系统失效 |
| | 水处理系统 | 破坏设施 | 供水中断 |
| | 交通 | 中断 | 延长断水时间 |
| 暴雨 | 水源 | 洪灾 | 水源污染 |
| | 取水 | 水位涨幅过大，威胁取水设施 | 破坏取水设施 |
| | 交通 | 中断 | 延长断水时间 |
| 干旱 | 水源 | 水量不足 | 原水缺乏 |
| | 取水 | 水位降低 | 水压、水量不足，能耗增加 |
| | 水处理系统 | 水质降低 | 增加处理费用 |
| 地质灾害 | 水源 | 遭到影响或破坏 | 水量不足、水质污染 |
| | 取水 | 设施破坏 | 供水中断 |
| | 输配水系统 | 管线爆裂 | 供水中断 |
| | 水处理 | 设施破坏 | 供水中断 |
| | 供电系统 | 中断 | 电力及通信系统失效 |
| | 储水设施 | 设施破坏 | 降低延迟力 |
| | 交通 | 中断 | 延长断水时间 |
| 极端天气 | 输配水 | 管线漏损 | 漏水量增加，需水量增加 |
| 水传染病 | 水源 | 污染 | 疾病、死亡 |
| | 水处理系统 | 污染 | 疾病、死亡 |
| | 输配水系统 | 污染 | 疾病、死亡 |
| | 储水设施 | 污染 | 疾病、死亡 |

### 4.3.2 人为风险

人为风险可分为主动型和被动型两大类，被动型人为风险研究在国内已有一些工作积累，主动型人为风险的定量化研究在国内基本上处于空白。李斌浩采用马尔科夫潜在风险模型，对主动型人为风险进行了定量研究，但是由于国内城市供水系统遭受主动型人为风险的事件较少或者未见报道，供水部门对此类威胁尚未进行过系统的总结和概括。国外在主动型人为风险研究中，取得了一定的研究成果，特别是“9·11”事件发生后，美国采取了一系列措施加强城市供水系统的安全性建设，对城市供水系统面临的人为威胁进行了系统的总结和定量化研究，并将研究成果应用于自来水公司的日常管理和安全设施改造中。根据有关研究成果和案例分析，对城市供水系统面临的典型人为风险及影响后果进行了总结（表4-3）。

**城市供水系统面临的典型人为风险及影响后果**　　**表4-3**

| 风险种类 | 威胁方式 | 威胁部位 | 潜在影响 | 可能后果 |
| --- | --- | --- | --- | --- |
| 主动攻击型 | 爆炸袭击 | 取水 | 结构性破坏 | 供水中断 |
| | | 水处理系统 | 设施或设备损坏 | 供水中断 |
| | | 输水 | 结构性破坏 | 供水中断 |
| | | 配水 | 结构性破坏 | 水量减少、水压降低 |
| | | 储水 | 结构性破坏 | 延迟能力降低 |
| | | 水源 | 结构性破坏 | 原水不足 |
| | 中断控制系统 | 水源 | 设备失效 | 源水缺乏 |
| | | 取水 | 停止运行 | 供水中断 |
| | | 水处理系统 | 处理及检测系统失控 | 供水中断，影响公众健康 |
| | 中断电力系统 | 水源 | 系统失效 | 供水中断 |
| | | 取水 | 系统失效 | 供水中断 |
| | | 水处理系统 | 系统失效 | 供水中断 |
| | 化学生物污染 | 水源 | 原水污染 | 影响公众健康 |
| | | 水处理 | 水质污染 | 影响公众健康 |
| | | 储水设施 | 水质污染 | 影响公众健康 |
| | | 输配水系统 | 水质污染 | 影响公众健康 |
| | 计算机入侵 | 计算机及SCADA系统 | 供水系统失控 | 供水中断，水质下降 |
| 被动失误型 | 污染区泄露 | 水源 | 原水污染 | 影响公众健康 |
| | 操作失误 | 供水系统 | 设施损坏，系统失效 | 水质污染，供水中断 |
| 系统故障 | 运行失常 | 供水系统 | 设施损坏，系统失效 | 水质污染，供水中断 |
| 心理恐吓 | 煽动谣言 | | | 公众恐慌 |

### 4.3.3 城市供水系统风险部位

对城市供水系统进行风险定量化分析的主要目的，是在面临潜在威胁的情况下，确定系统中最易受到危害的部位，在可用资源有限的情况下，确定改进安全系统的优先顺序，使资源利用最大化。本文风险分析的思路就是将整座城市供水系统分解成几个子系统，确定各子系统风险的大小，并进行排序比较，确定最易受威胁危害的子系统，即风险最大的子系统，为供水部门的日常管理及安全改造提供参考依据。城市供水系统不同子系统面临的典型风险及影响后果如表 4-4 所示。

城市供水子系统面临的风险及影响后果　　表 4-4

| 子系统 | 存在问题 | 潜在风险 | 影响后果 | | |
|---|---|---|---|---|---|
| | | | 设施影响 | 人员影响 | 功能影响 |
| 原水及水处理系统 | 原水系统缺乏保护；<br>输水管道距离较远；<br>水处理系统及保护措施存在安全隐患 | 自然威胁；<br>关键设施的损坏；<br>将有毒物质释放到原水或水处理系统；<br>人为释放氯气 | 结构性破坏或设施损坏；<br>给水设施停止工作 | 由于爆炸或有毒物质而直接或间接的造成人员伤害 | 供水中断；<br>由于水污染或氯气泄露影响公众健康 |
| 输配水系统 | 大量的管道设施易于接近，且没有相关监控和保护措施 | 自然威胁；<br>节点作为毒物注入点；<br>安装爆炸装置 | 破坏管道和储水设施 | 由于爆炸和毒物造成人员伤害 | 供水中断；<br>由于水污染或氯气泄露影响公众健康；<br>对周边居民和建筑产生影响 |
| 泵站 | 距离办公人员较远 | 自然威胁；<br>破坏仪表、设备 | 结构性破坏或设备损坏 | 由于爆炸和毒物造成人员伤害 | 缺水后水污染对公众健康或生活产生影响 |
| 电力系统 | 缺乏保护设施及备用电源 | 自然威胁；<br>破坏设施 | 结构性破坏或设备损坏 | | 电力系统瘫痪，供水系统中断 |
| 计算机及SCADA系统 | 安全保护系统有缺陷 | 受到攻击；<br>操作失误；<br>出现故障 | 水处理及配水系统瘫痪 | | 供水中断；<br>健康影响 |

## 4.4 供水系统风险定量化计算

城市供水系统风险定量化分析过程中，需要对系统所面临的潜在风险进行定量化计算以确定风险水平，筛选高危要素。风险水平计算是风险定量化分析的关键环节。

### 4.4.1　自然风险定量计算方法

目前，国内外还没有有效的自然风险定量计算方法，文中自然风险的风险水平等于其年发生概率，主要是通过查阅城市供水系统所在地区相关的历史资料来确定。新建的城市供水系统大多考虑当地的自然灾害情况，在设计、施工、运行中采取必要的措施以减小自然威胁导致的危害。例如：城市供水系统所在地为地震频发区，那么在城市供水系统筹备建设过程中就应该充分考虑地震对城市供水系统的影响，依据当地有关地震的历史资料，对地震风险进行设防。

### 4.4.2　人为威胁定量计算方法

目前，对城市供水系统面临的人为风险进行定量计算，国内在这一领域的研究较少。国外在进行人为风险的定量计算时，主要参考自来水公司或者当地警方掌握的历史资料，来推断城市供水系统面临人为威胁的种类和发生的可能性大小。在缺乏相关历史资料的情况下，美国水司主要通过咨询相关专家的意见或利用 EPA 提供的方法，确定潜在人为威胁的威胁水平。

国内针对城市供水系统面临的人为风险缺乏研究经验，供水部门在日常运行中也没有对人为风险进行过系统总结分析，在人为风险领域缺乏历史资料积累。人为风险的定量计算是风险定量化分析关键。课题组利用美国 Sandia 国家实验室开发的用于评价系统安全性的数学工具——马尔科夫潜在影响模型（Markov Latent Effects model，MLE）对城市供水系统面临的潜在人为风险进行定量计算，进而确定其风险水平。

事故的发生通常由以下原因导致：员工的责任心不强、落后的安全设施、预警系统的滞后等。由于这些因素在安全事故发生之前很长一段时间就已经存在，所以这些因素被称为潜在影响因子。潜在影响因子不会立即导致某一问题的出现，而是与其他事件、条件、行为共同作用致使问题的产生。将潜在影响的概念与马尔科夫理论结合，形成马尔科夫潜在影响模型，MLE 的基本原理和分析过程如下文所述。

MLE 定量计算威胁水平的思路为：系统分解（Decompose）、资料收集（Inform）、资料分析（Analyze）、学习改进（Learn），简称 DIAL（图 4–4）。

（1）系统分解：MLE 利用自上向下分析法（top–down）将系统分解成若干子系统，对各个子系统面临的威胁进行逐个分析（图 4–5）。MLE 对人为威胁分析的基本过程为：决定元素是指影响威胁水平的某单一因素，每一个决定元素都根据其输入产生一个输出，输入包括直接影响因子和（或）潜在影响因子。直接影响因子仅对某一个决定元素起作用，取值在 0 和 1 之间，反映其对决定元素的贡献大小。潜在影响因子反应了一个决定元素对另一个决定元素的影响，其值等于它的输出。

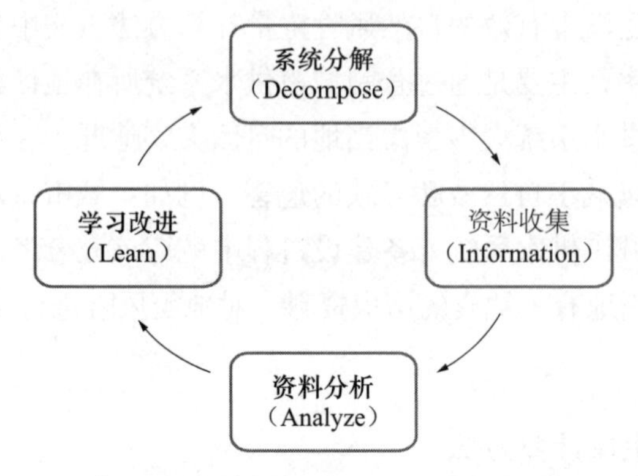


图 4-4 DIAL（Decompose，Information，Analyze，Learn）示意图

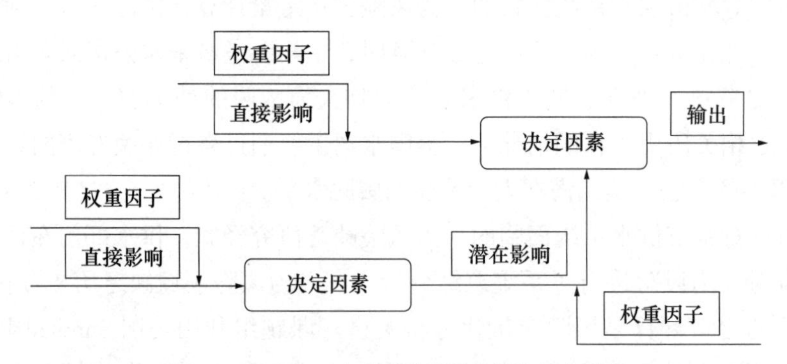


图 4-5 MLE 对人为威胁进行分析的基本过程

对于两种影响因子，每一个输入都有一个权重因子，反应了输入对决定元素的影响能力，针对某一个决定因素的所有权重因子之和等于 1。

对不同的威胁，直接影响因子的赋值不同，主要采用实地调查结合专家意见的方法确定其值大小，但在赋值过程中应该尽量减小主观性，对各直接影响因子进行赋值时可参考美国 Sandia 国家实验室提供的赋值参考标准。以在线安全监控设施的监控能力这一直接影响因子举例说明，对其输入一个介于 0 和 1 之间的数值定量描述安全监控能力，0 表示极弱、1 表示极强，如表 4-5 所示。

直接影响因子赋值参考标准举例赋值范围赋值说明表 表 4-5

| 赋值范围 | 赋值说明 |
|---|---|
| 0.0～0.3 | 没有直接的监控设施，安全人员不进行检查 |
| 0.3～0.5 | 布设有限的监控设施，安全人员极少检查 |
| 0.5～0.7 | 布设有限的监控设施，安全人员定时进行检查 |
| 0.7～0.9 | 安全人员 24 小时巡查 |
| 0.9～1.0 | 布置足够的监测设施，安全人员 24 小时巡查 |

（2）资料收集：对系统的特点、运行规律、安全设施、周边环境等方面进行全面了解，掌握其中关于风险的资料，为确定决定元素、影响因子、权重因子等指标做准备。

（3）资料分析：MLE 风险定量化方法由多个决定元素和影响因子组成一个评价网，模型由已确定的权重因子和数据融合方法组成，对各个直接影响因子进行赋值，再综合所有决定元素的输出数值，最后得出人为风险的风险水平计算结果。

利用上述方法和程序，就可以得出所有潜在人为风险的定量化分析结果，计算结果均介于 0 和 1 之间。

（4）学习改进：根据分析的结果，将威胁水平进行排序，确定最容易发生的人为风险，采取有效措施提高系统的安全性，降低风险水平。

将 MLE 应用于城市供水系统人为威胁定量化分析的目的，是在缺乏人为威胁历史资料的条件下，提供一种定量的、可重复的评价人为威胁的方法。城市供水系统面临的每一个人为风险方案，都包含三个部分：攻击者、手段、破坏对象。例如，一个内部工作人员（攻击者）试图污染（手段）清水池（破坏对象）。

MLE 对城市供水系统面临的人为威胁进行定量计算的分析模型如图 4-6 所示，共计包含 79 个直接影响因子。

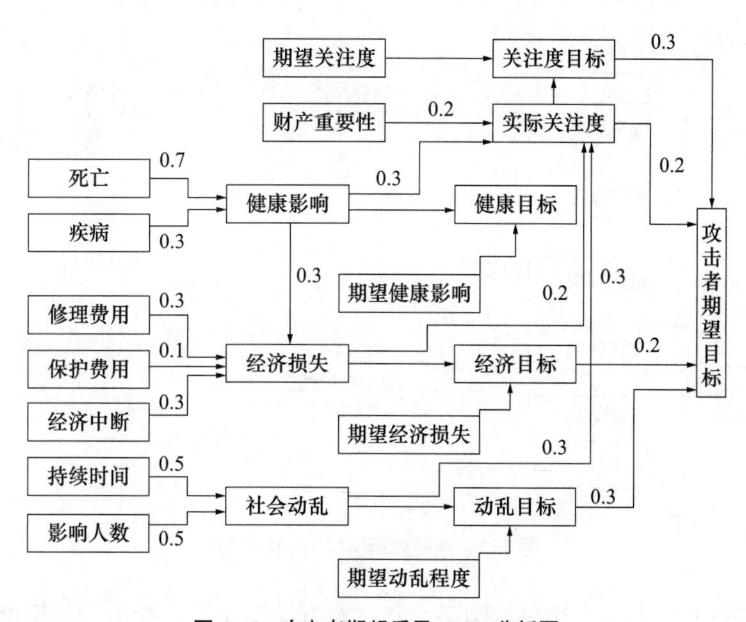


**图 4-6　攻击者期望后果 MLE 分析图**

MLE 对每一个人为风险的定量计算都由两个部分组成：攻击可能性和系统有效性。攻击可能性是指某一风险发生的可能性大小，系统有效性是指系统抵御威胁的能力强弱。威胁水平利用下式计算：

$$R = A(1-E)$$

式中：$R$——风险水平；

$A$——攻击可能性；

$E$——系统有效性。

攻击可能性由两个影响因子决定：攻击者期望后果、1－攻击者所需努力，权重因子都是0.5；系统有效性由两个影响因子决定：1－攻击能力、系统安全性，权重因子都为0.5。

攻击可能性的其中一个影响因子是攻击者期望后果，攻击者期望后果是指攻击者认为某次攻击事件发生后能够导致的后果，由12个直接影响因子、8个潜在影响因子决定。对攻击者期望后果中的12个直接影响因子赋值，利用MLE数据融合方法计算得出攻击者期望后果的数值大小，为计算攻击可能性做准备。

攻击可能性的另一个影响因子是“1－攻击者所需努力”，所需努力是指攻击者为了达到目的所需要付出的努力，由8个直接影响因子、3个潜在影响因子决定（图4–7）。

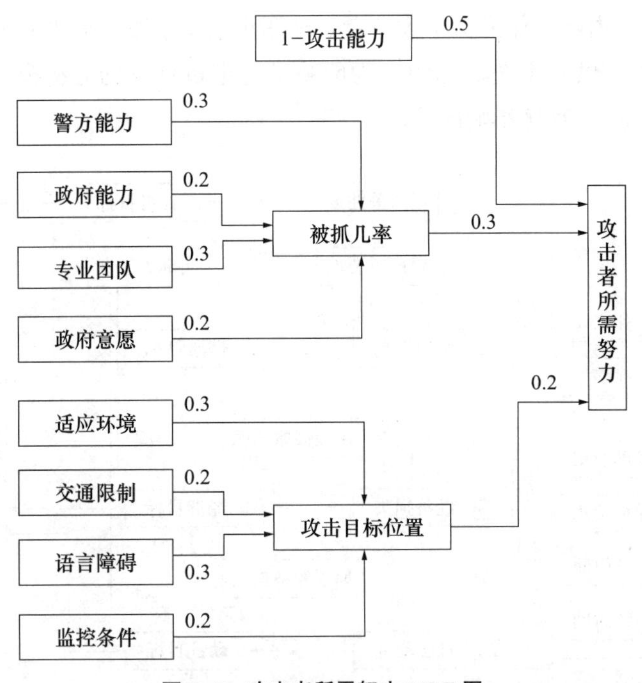


图4–7 攻击者所需努力MLE图

“所需努力”中的直接影响因子，经过对直接影响因子赋值和数据融合计算，得出所需努力计算结果，利用1减去计算结果，得到“1－所需努力”数值，为计算攻击可能性奠定基础。

“所需努力”的其中一个潜在影响因子为“1－攻击能力”。

决定风险水平的另一个影响因子是系统有效性，系统有效性的其中一个影响因子是“1－攻击能力”。攻击能力是指攻击者为完成攻击所具备的能力，由20

个直接影响因子、8个潜在影响因子决定。对其中所有直接影响因子赋值，通过MLE已经确定的数据融合方法计算得出攻击能力的数值，利用1减去计算结果，得到“1-攻击能力”计算结果，为计算所需努力和系统有效性做准备（图4-8）。

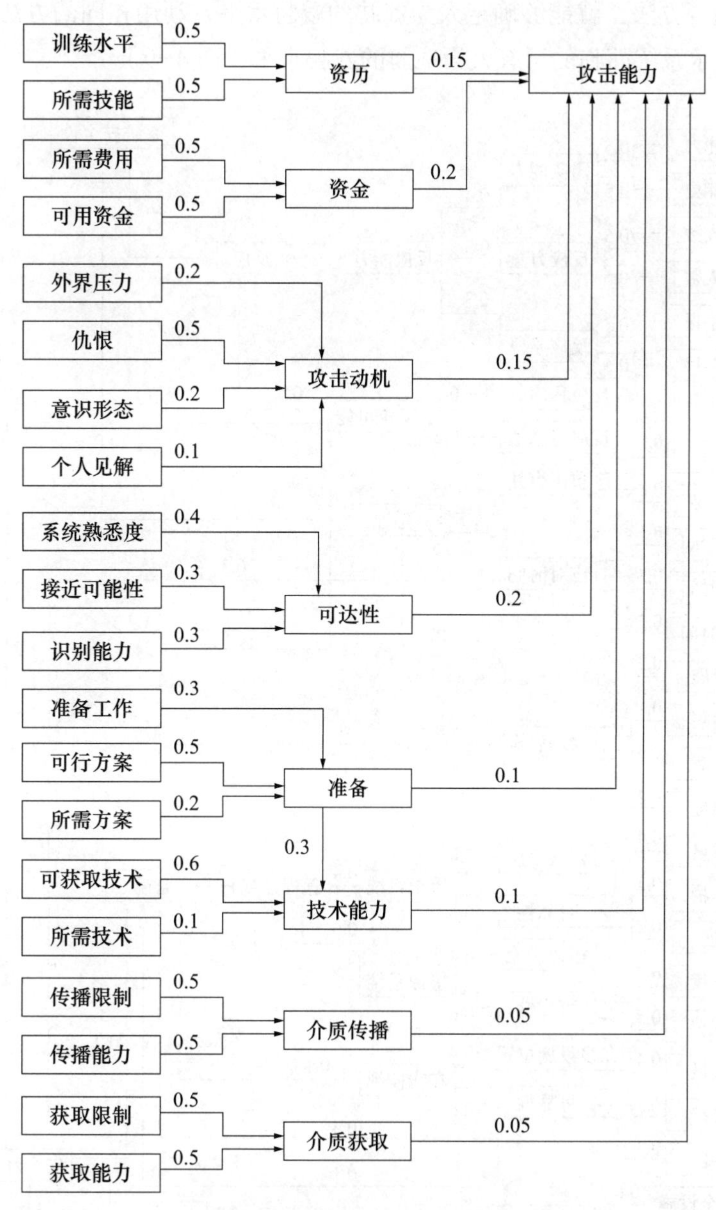


图4-8 攻击能力MLE分析图

系统有效性的另一个影响因子是系统安全性，系统安全性是指城市供水系统的安全策略及安全设施能力，由39个直接影响因子、23个潜在影响因子决定。

通过对直接影响因子赋值和数据融合计算，最终确定系统安全性的计算结果。最后，利用“1-攻击能力”的计算结果与系统安全性的计算结果确定系统有效性的数值。

参照美国 Sandia 国家实验室提供的直接影响因子赋值参考标准，通过实地调研和咨询专家的方法确定 MLE 中 79 个直接影响因子的数值，利用 MLE 已经确定的数据融合方法，就能够确定人为威胁的威胁水平，利用相同的方法可以定量计算城市供水系统面临的所有人为威胁的威胁水平（图 4-9）。

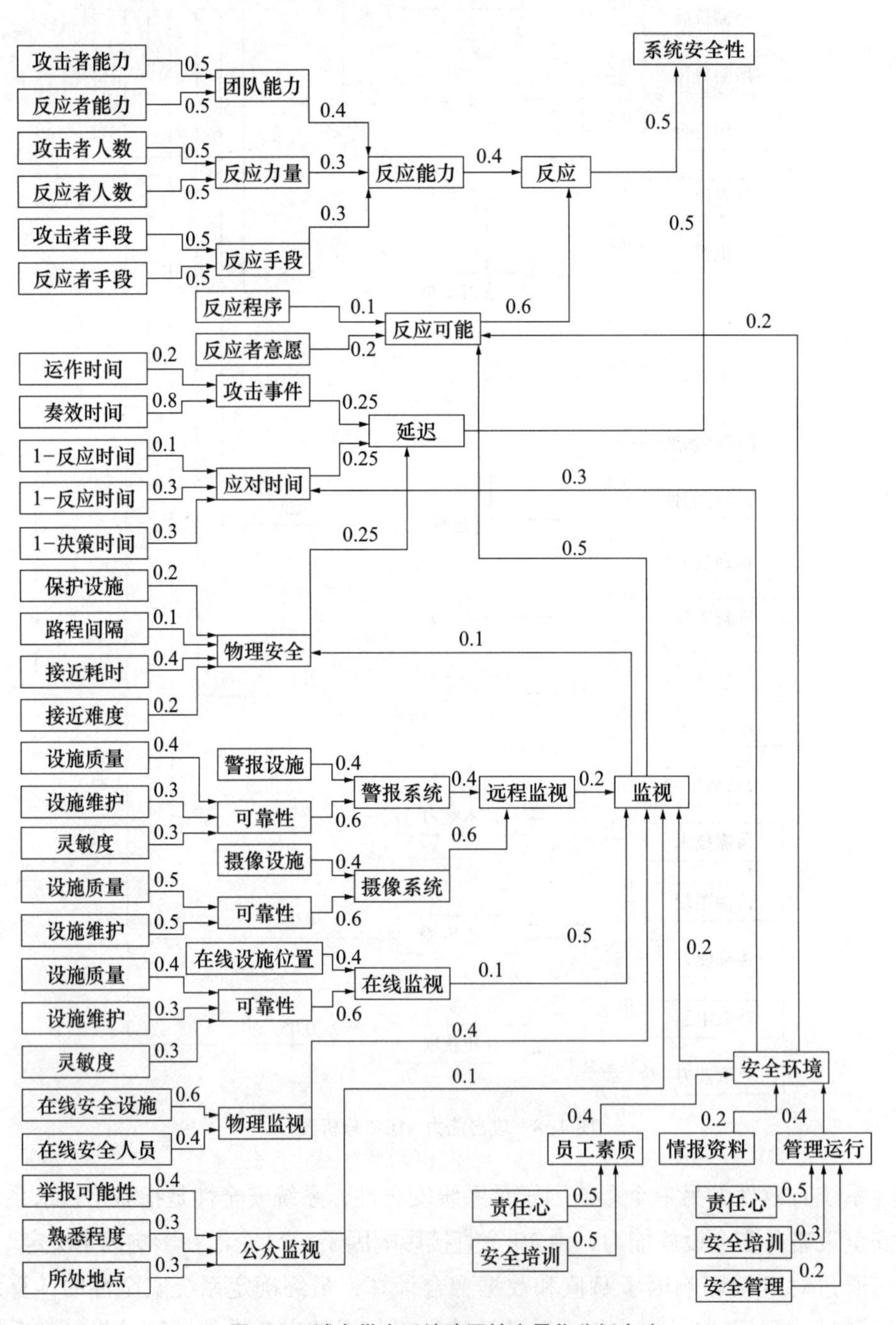


图 4-9　城市供水系统脆弱性定量化分析方法

城市供水系统在风险发生后功能的缺失程度，是决定其脆弱性的另一个重要因素。城市供水系统功能缺失程度可分两个主要方面：对于自然风险，利用查阅资料的方法确定系统功能缺失程度；对于人为风险，利用 EPANET 模拟的方法确定系统功能缺失程度。城市供水系统的高危要素，结合上述风险水平及功能缺失程度的计算方法，最终确定高危要素定量化分析方法如下式：

$$V = R \times F$$

式中：$V$——分析对象危险程度；

$R$——风险水平；

$F$——城市供水系统功能缺失程度。

针对水质、水量因素，结合受水区供水系统现状调研结果，得到 26 项可能威胁受水区供水系统安全的风险源，建立受水区供水系统风险评价指标体系。

## 4.5　基于风险矩阵和层次分析法的受水区供水系统风险分析

南水北调受水区供水系统是一个开放的、多元化系统，涉及调水、取水、制水、输配水和二次供水等多个环节，具有流程长、时空范围广、影响因素多、结构复杂等特点，受水区供水安全存在较多的安全隐患和薄弱环节。为保障供水系统安全稳定运行，提升城市供水系统的管理和运行水平，需要建立供水系统的风险评估体系。课题组采用层次分析法（Analytic Hierarchy Process，AHP）和风险矩阵法对受水区城市供水系统的风险进行了分析，通过定性描述和定量评价相结合的方法，客观地评价受水区城市供水系统的风险级别，为城市供水系统风险评估的发展和应用提供借鉴。

### 4.5.1　受水区供水系统风险评价指标体系

针对水质、水量及水压因素，将受水区供水系统划分调、取、净、输、配五部分，通过对受水区城市供水系统中发生过的事故和可能发生的隐患进行现场调研，从这五方面进行风险评估与安全调控研究。结合现场调研结果，受水区城市供水系统潜在水量风险主要体现在：水资源紧缺，地表水资源匮乏，县城地下水位持续显著下降，南水北调来水保证率低及来水时序变化大。水质风险主要包括：丹江口水源地和输水渠道的水质污染风险，以及地表水水厂运行与水质监测管理落后带来的水质风险。通过调研分析选择 28 项可能威胁受水区城市供水系统安全的风险源，建立了受水区城市供水系统风险评价指标体系（表 4-6）。

**受水区供水系统风险评价指标体系** **表 4-6**

| 目标层 | 准则层 | 指标层 |
|---|---|---|
| | | 风险因素 |
| 受水区城市供水系统风险 A | 调水系统 B1 | 分水口门检修 C1 |
| | | 调蓄系统 C2 |
| | | 水源和受水区枯水年遭遇 C3 |
| | | 来水水质污染系统 C4 |
| | 取水系统 B2 | 水源布局 D1 |
| | | 水文条件变化 D2 |
| | | 水厂布置 D3 |
| | | 本地水资源禀赋 D4 |
| | | 水源水质条件 D5 |
| | | 地下水储备 D6 |
| | 净水系统 B3 | 设备老化、腐蚀 E1 |
| | | 运行或维修时误操作 E2 |
| | | 在线监测 E3 |
| | | 员工培训制度 E4 |
| | 输水系统 B4 | 水源切换 F1 |
| | | 应急联络管线 F2 |
| | 配水系统 B5 | 供水管网适应性 G1 |
| | | 管网老化 G2 |
| | | 管道保养维护 G3 |
| | | 应急备用设施 G4 |
| | | 供水格局 G5 |
| | | 管材类型 G6 |

### 4.5.2 受水区供水系统风险评估模型

首先，采用风险矩阵法实现标准化分析各类风险因素，通过对风险可能性 K1 与严重性 K2 量化，描述供水系统风险的发生频率和危害程度，初步获得单风险因素的风险值；然后，再利用层次分析模型，构造风险因素的判断矩阵，通过两两比较的方式，得出各风险因素之间的相互关系，计算各风险因素的风险值；最后，借助综合评价得出供水系统的综合评价向量，即受水区城市供水系统的风险级（图 4-10）。

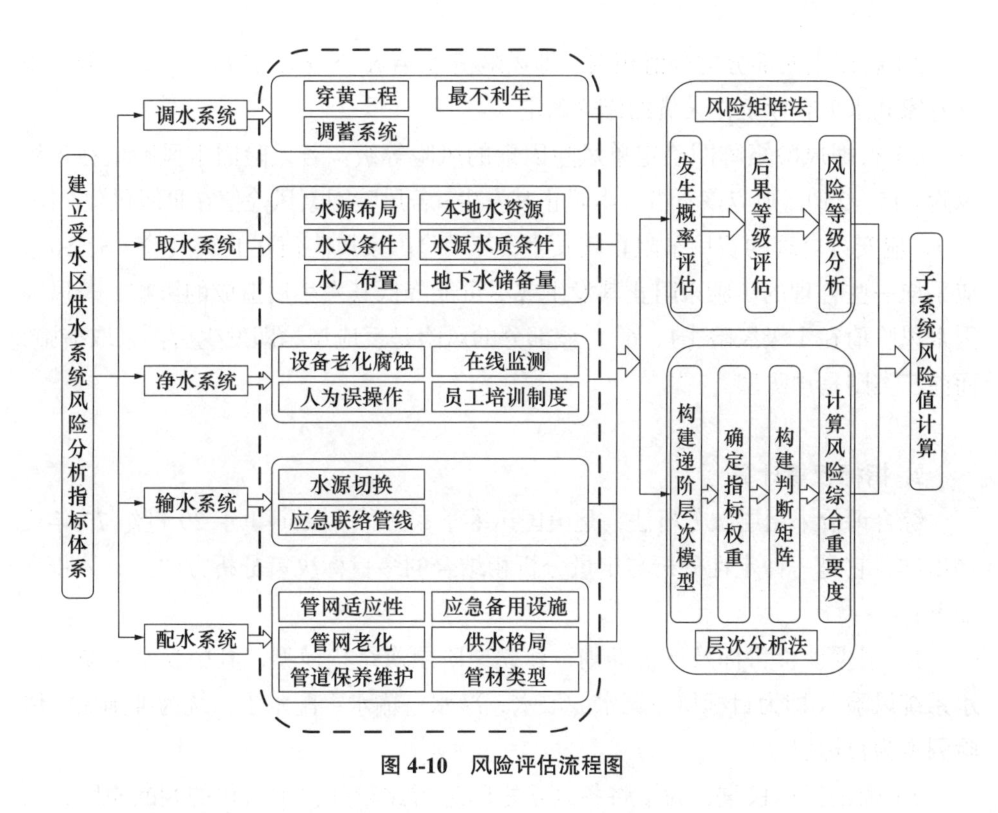


图 4-10　风险评估流程图

**1. 单风险因素评价**

风险矩阵方法，综合考虑风险影响和风险概率两方面的因素，可对风险因素给项目带来的影响进行最直接的评估。该方法不直接由专家意见得出判断矩阵，而是事先对风险影响和风险概率确定等级划分，由专家通过较为直观的经验，判断出风险影响和风险概率所处的量化等级，然后应用 Borda 分析法对各风险因素的重要性进行排序，从而对项目的风险进行评估。具体步骤如下：

1）列出该项目的所有风险因素，受水区城市供水系统风险因素共 28 项。

2）依次估计这些风险因素发生的概率可能性，可按低、中、高进行排序，形成 0−5 的分值；依次再估计这些风险因素发生后的影响，也可按低、中、高形成 0−5 的分值，见表 4−7。

风险分级示意图　　表 4−7

| 可能性等级 K1 | 5 | 10 | 15 | 20 | 25 |
|---|---|---|---|---|---|
| | 4 | 8 | 12 | 16 | 20 |
| | 3 | 6 | 9 | 12 | 15 |
| | 2 | 4 | 6 | 8 | 10 |
| | 1 | 2 | 3 | 4 | 5 |
| | 后果等级 K2 | | | | |

3）将以上两部分的分值相乘，即风险值 $K = K_1 \times K_2$，该风险等级主要是根据专家和水务企业工作人员的建议确定。

4）根据风险矩阵图确定单风险因素的风险等级。若风险因素风险值在Ⅳ级风险［15，25］，则应该不惜成本阻止其发生；若风险因素风险值在Ⅲ级风险［10，15），应安排合理的费用来阻止其发生；若风险因素风险值在Ⅱ级风险［6，10），应采取一些合理的步骤来阻止其发生或尽可能降低其发生后造成的影响；若风险因素风险值在Ⅰ级风险［1，6），该部分的风险是反应型，即发生后再采取措施，而前三类则是预防型。

**2. 指标权重计算**

综合评价采用层次分析法，是美国运筹学家西蒂（Seaty）于20世纪70年代提出的，它是一种定性分析与定量分析相结合的多目标决策分析方法。具体步骤如下：

1）根据评价目标及评价准则，建立递阶层次结构模型，其中受水区城市供水系统风险A即为目标层，调水、取水、净水、输水、配水子系统为准则层，风险因素为目标层。

2）确定指标权重，为了将各因素之间进行比较并得到量化的判断矩阵，引入1-9标度方法，其含义如表4-8所示：

**指标权重1-9标度及其含义**　　**表4-8**

| 标度 | 含义 |
|---|---|
| 1 | 表示两个因素相比，具有相同重要性 |
| 3 | 表示两个因素相比，前者比后者稍重要 |
| 5 | 表示两个因素相比，前者比后者明显重要 |
| 7 | 表示两个因素相比，前者比后者强烈重要 |
| 9 | 表示两个因素相比，前者比后者极端重要 |
| 2，4，6，8 | 表示上述相邻判断的中间值 |
| 倒数 | 因素 $i$ 与因素 $j$ 的重要性之比为 $a_{ij}$，则因素 $j$ 与因素 $i$ 重要性之比为 $a_{ji} = 1/a_{ij}$ |

3）对于准则 $B_i$，根据 $n$ 个元素之间相对重要性的比较结果，即可得到一个两两比较判断矩阵 $A = (a_{ij})\ n \times n$，其中 $a_{ij}$ 就是元素 $u_i$ 和 $u_j$ 相对于 $B_i$ 的重要性的比例标度。

判断矩阵 $A$ 具有下列性质：

$a_{ij} > 0$；$a_{ij} = 1/a_{ij}$；$a_{ii} = 1$。

从而计算出各矩阵的最大特征根 $\lambda_{max}$ 和特征向量 $W$。

为尽量剔除人为因素，对矩阵中的比较结果进行如下处理：

$$a_{ij}=\frac{\sum_{k=1}^{n}a_{kij}}{n}$$

式中：$a_{ij}$——因素 $i$ 与因素 $j$ 的重要性之比；

$n$ ——研究者人数；

$a_{kij}$——第 $k$ 个研究者给出的因素 $i$ 与因素 $j$ 的重要性之比。由此可以得出评价矩阵。

4）确定风险因素的相对重要程度，并进行一致性检验。

a）计算一致性指标 $CI$。

$$CI=\frac{\lambda_{\max}-n}{n-1}$$

式中：$n$——矩阵的阶数。

b）查找相应的平均随机一致性指标 $RI$（random index）。

当 $n=1$，2，3，…，15 时，西蒂给出了相应的 $RI$ 值，如表 4-9 所示。

**一致性指标的取值**　　**表 4-9**

| $n$ | 1 | 2 | 3 | 4 | 5 | 6 | 7 | 8 |
|---|---|---|---|---|---|---|---|---|
| $RI$ | 0 | 0 | 0.52 | 0.89 | 1.12 | 1.26 | 1.36 | 1.41 |
| $n$ | 9 | 10 | 11 | 12 | 13 | 14 | 15 | |
| $RI$ | 1.46 | 1.49 | 1.52 | 1.54 | 1.56 | 1.58 | 1.59 | |

c）计算一致性比例 $CR$。$CR=CI/RI$，当 $CR<0.10$ 时，认为判断矩阵的一致性是可以接受的，否则应对判断矩阵作适当修正。

5）计算风险的综合重要度

在计算各层要素对上一层某一要素的相对重要度后，即可从最上层开始，自上而下求出各风险因素关于系统的综合评价值 $W_{ij}$（即准则 $i$ 下措施 $j$ 指标的综合权重），计算公式为 $W_{ij}=W_i\cdot W_{ij}$。

按照 $W_{ij}$ 值的大小对各风险因素进行优先排序，可获得所有风险因素重要度的排序结果。从而获得系统中风险权重最大的风险要素。

准则层风险值=风险因素值归一化权重矩阵，即可得到 4 个子系统的风险值。

# 第 5 章　供水系统的安全调控

## 5.1　受水区供水系统安全调控机制

### 5.1.1　受水区供水系统安全调控的内涵

受水区城市供水系统安全调控的内涵为：依据现在或将来受水区供水系统运行中已经出现或可能出现的问题，采取一系列方法、手段或措施，对系统全流程进行全面、合理的管理与干预，以促进供水系统的良性循环，实现经济效益和社会效益的统一。安全调控的目标是保证供水安全，满足用户水量、水质、水压要求；其特点为调控目标明确、调控手段多样、调控机理复杂。

### 5.1.2　受水区供水系统安全调控的原则

**1. 可持续性原则**

立足长远，确保水资源的开发利用限定在一定的弹性范围之内，保持区域水资源系统的长期安全。

**2. 创新性原则**

充分利用现代科学技术，积极推进制度创新，提高管理和调控水平，为受水区供水系统安全有效管理提供必要的技术和制度支撑。

**3. 协调性原则**

受水区供水系统涉及调、取、净、输、配等多个环节，系统用户类型多样，需要在子系统之间、用户之间进行充分协调。

**4. 重点性原则**

供水系统应急调控涉及面广，应分析影响受水区供水系统安全的关键因素，集中力量重点突破。

根据上述分析，建立以风险识别为基础，以风险评价为核心，以系统预估为重点，以系统调控为目标的安全调控机制，同时引入闭环控制方法，通过规划设计、工程设计、运行管理与维护等方法，保证达到满足用户用水需求的目标（图 5-1）。

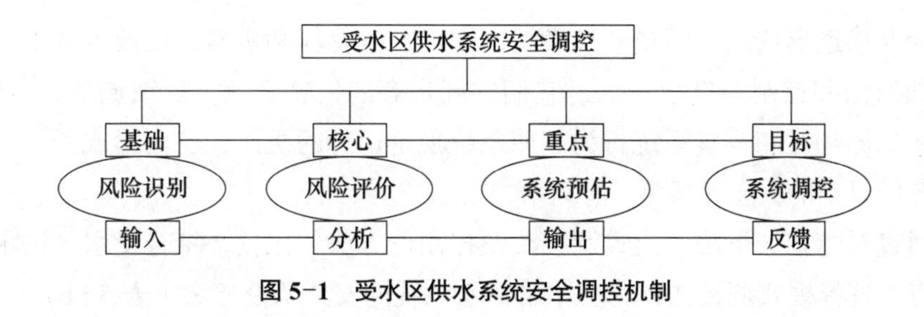


图 5-1　受水区供水系统安全调控机制

## 5.2　受水区供水系统安全调控方法

### 5.2.1　情景分析法

情景分析是一种能有效处理未来不确定性的规划工具。城市供水系统运行的事故风险本身具有不确定性。将情景分析的方法应用到城市供水系统安全调控中，通过假设未来运行风险情景的方式，来应对未来突发事故对供水系统的影响。

情景分析法是一种长期规划工具。它着眼于未来状态（即情景），以未来目标为起点，从关键因素入手来演绎整个发展途径的倒推过程（“未来情景逆推法”）。情景分析法作为一种应对不确定性的工具，具有以下本质特点：承认未来的发展是多样化的；承认人在未来发展中的“能动作用”，重视群体意愿和信息透明，将决策参与者的主观对未来的影响和客观推测结合；关注于对组织发展起重要作用的关键因素；强调一种对未来研究的思维方法，重视与其他学科技术方法手段的结合，从而使情景分析法涵盖政治、经济、社会、环境、科技等多方面因素，具备了为战略性决策提供服务的能力。

### 5.2.2　模式调控法

根据分析的目的找出复杂模式的组成成分、各成分之间的相互关系，和相应的符号描述的模式识别方法。采用“分解－协调－整合”的思想，通过对城市供水系统这一复杂的系统，进行多层次、多阶段、多目标及多情景的解构分析与反馈调节，形成“互动－响应－支持－约束”的一体化调控体系。

### 5.2.3　控制论方法

控制论是研究各类系统的调节和控制规律的科学。它是自动控制、通信技术、计算机科学、数理逻辑、神经生理学、统计力学、行为科学等多种科学技术，相互渗透形成的一门横断性学科。它研究生物体和机器，以及各种不同基质系统的通信和控制的过程；探讨它们共同具有的信息交换、反馈调节、自组织、自适应的原理，和改善系统行为、使系统稳定运行的机制，从而形成了一大套适用于各门科学的概念、模型、原理和方法。

通过对情景分析法、模式调控法及控制论方法的比较，结合受水区供水系统的特点，选择模式调控法作为受水区供水系统的安全调控方法（表 5-1）。

**受水区供水系统安全调控方法比较** **表 5-1**

| 方法 | 方法简介 | 方法特点 |
|---|---|---|
| 情景分析法 | 改变供水系统的某一个或几个因子，模拟供水系统的演变趋势，定量计算情景敏感因子的变化率 | 定性定量结合 |
| 模式调控法 | 建立“多类型－多目标－多层次－多情景”的供水系统安全模式，实现“互动－响应－支持－约束”的全流程调控体系 | 定性定量结合 |
| 控制论方法 | 通过供水规划与设计、供水工程布置与运行、供水系统管理、供水知识普及等方法，达到供水系统的高效运行和优化调度 | 定性 |

## 5.3 受水区突发性事故的来源与分析

### 5.3.1 水质

突发性水污染事故是指社会生产和生活中使用的危险品，在其生产、运输、使用、储存和处置的整个生命周期中，由于自然灾害、人为的疏忽或错误操作等，在短时间内含有大量剧毒或高污染性的物质进入水体环境中，对水体环境造成了严重污染和破坏，给人民生命和国家财产带来了巨大损失的污染事故。

**1. 突发性污染的来源**

在水源地上游的任何潜在污染源都可能导致水源水质污染。一些污染源由于治理不力，持续性地向水体中排放污染物，可以视作是持续性污染，对于以此水体为水源的供水厂则属于正常处理过程中如何去除污染的问题。一些属于突发性的污染，往往是由于生产泄露、交通事故、自然灾害、人为破坏等意外事件引起的，具有发生时间不可预见、持续时间短、污染物不确定、污染物浓度高等特点。以地表水为例，突发性污染源包括上游沿岸的工厂发生事故（或偷排）等非正常排污、城市或农村的非点源污染受突降暴雨冲刷等进入水体、船舶等污染物泄漏、环境因素变化导致水体底泥中污染物的突然释放、雷暴大风等自然灾害带来的突发性污染等等。

**2. 突发性污染物分类**

水源中可能出现的突发性污染物，可以有多种方法分类。按其理化性质，可以分为无机物、有机物和生物等。按物质形态，可以分为颗粒物（固体）、溶解性物质（分子、离子）和气体等；其中以溶解性有机物和重金属类的突发性污染危害较大且在常规水处理过程中难以解决。也可将突发性污染物按其适用的去除技术分类，包括：可吸附去除的，如硝基苯以及多数小分子有机物、部分重金属、藻毒素、环境激素类物质、部分持久性难降解有机物、部分油类污染、氨氮等，可以通过粉末活性炭吸附、沸石离子交换吸附等去除；可以由氧化还原等化学反应分解或杀灭的，如COD类有机物、部分持久性难降解有机物、部分油类污染物、氨氮、细菌、病毒、贾第鞭毛虫、隐孢子虫、剑水蚤、摇蚊幼虫等可以通过预氧化、后氧化分解或杀灭；可强化混凝沉淀及强化过滤去除的，如各种颗粒物、大分子有机物、贾第鞭毛虫、隐孢子虫等；可通过调节pH等以化学沉淀去除的，如氟等部分重金属、部分难溶金属离子、硫化物等部分难溶无机物等；可用膜法去除的，如细菌、病毒、各种金属、非金属离子、小分子有机物等。

### 5.3.2　水量

城市供水系统突发事件（以下简称突发事件），指因各种自然或人为原因导致的原水供应不足，水厂取水量锐减或取水中断；水厂（加压站、控流站）设备、设施损坏，生产（转供）水量锐减或生产中断；城市主要输供水干管或配水系统管网恶性爆管，大面积或区域供水中断的突发事件。

根据突发事件的来源分为三类：

A类——拦河堤坝、取水涵管等发生垮塌、断裂致使水源枯竭，地震等不可抗力的自然灾害导致取水受阻，严重影响城市供水水量或水压的突发事件。

B类——水厂（加压站、控流站）、泵房（站）、消毒、输配电、净水构筑物等设施（设备）发生火灾、爆炸、倒塌、外部电源中断、泵房（站）淹没、机电设备损毁、重大泄漏事故，严重影响城市供水压力的突发事件。

C类——城市主要输供水干管和配水系统管网发生大面积（恶性）爆管或突发灾害，影响大面积城区及区域供水水量的突发事件。

## 5.4　受水区供水系统安全调控措施

根据受水区城市类型及供水系统特征，制定受水区供水系统安全调控策略，如图5-2所示。

根据南水北调受水区城市水量配置方案，北京市、天津市的引江水分配指标均超过 10 亿 $m^3$，其中中心城区超过 6 亿 $m^3$；石家庄市、郑州市、保定市、南阳市的引江水分配指标达到 5 亿 $m^3$，其中石家庄市和郑州市的中心城区超过 3 亿 $m^3$；受水区县级城市引江水分配指标明显小于地级市水量（图 5-3）。通过风险评估分析，各类城市风险特征及调控策略如表 5-2 所示。

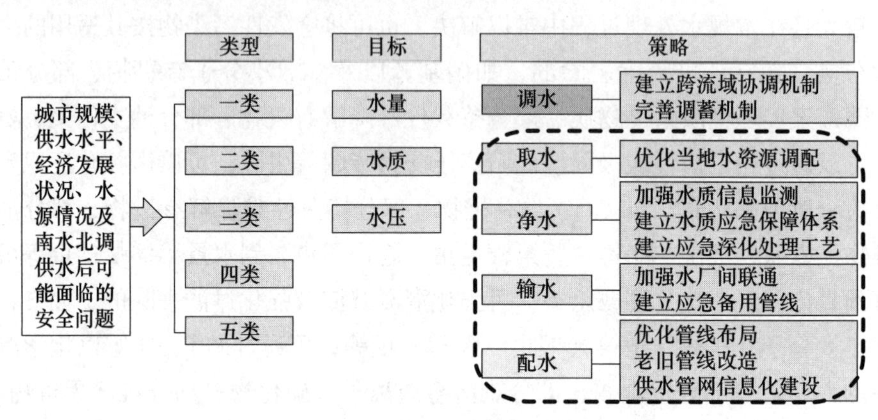


图 5-2 受水区供水系统安全调控方法示意图

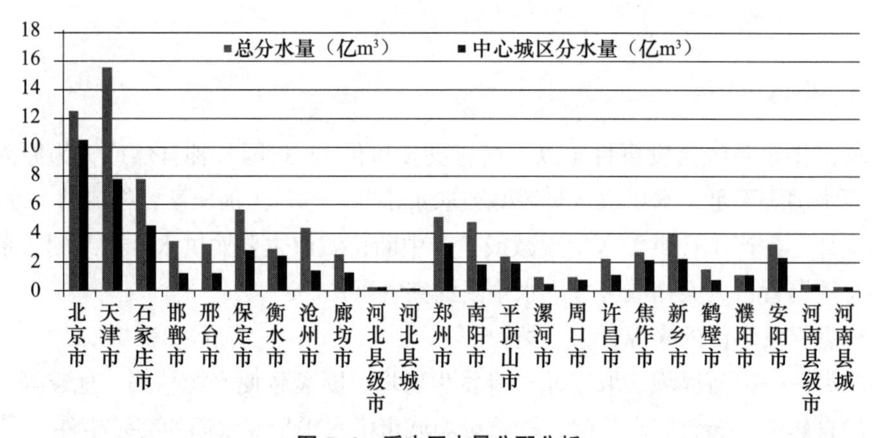


图 5-3 受水区水量分配分析

各类城市风险特征集调控策略 表 5-2

| 城市类型 | 风险特征 | 调控策略 |
|---|---|---|
| Ⅰ | 风险要素危害程度大，风险概率较低 | 多水源供水保障，开拓备用水源，实现水源互备，强化调蓄能力 |
| Ⅱ | 风险要素危害程度较大，风险概率较低 | 涵养本地水资源，提高应急设施保障水平，应急条件下实现本地水资源快速切换 |
| Ⅲ | 风险要素危害程度中等，调水系统风险影响较为明显 | 建设调蓄设施及应急设施，应急条件下实现本地水资源与引江水快速切换 |
| Ⅳ | 风险要素危害程度较小，净水、配水系统发生概率较高 | 建立应急调蓄设施及备用设施 |
| Ⅴ | 风险要素危害程度小 | 建立备用供水设施 |

### 5.4.1 取水系统

**1. 应急备用水源的必要性**

随着我国城市化进程的加快，环境污染问题日益突出，城市水资源短缺局面越来越严重，城市供水安全问题已经成为制约受水区城市经济社会发展的重大难题，甚至影响到社会稳定。城市供水安全主要表现在供水水量和水质两个方面，由于受到气候条件、污染物排放、供水技术水平等因素限制，我国城市供水经常出现水量供应不足、水污染严重、供水质差、水资源浪费严重、供水管网破损等方面的问题，严重影响这些城市供水的质量和安全，一旦出现企业渗坑、化工原料泄漏等突发性污染事件，城市供水将面临全面停水的困难局面，因此为了应对这一窘境，科学开发和合理建设应急备用水源地显得尤为必要。

**2. 应急备用水源的形式**

应急备用水源，主要有地下水应急备用水源、调蓄池及水库等。其中，水库和地下应急备用水源是可以提供较大水量和较长供应时间的水源。在突发事故发生期间，调蓄池在短时间内可以提供有安全保证的水源。通常，采取 2 种以上的备用水源形式来应对突发事件导致的供水中断问题。

**3. 应急备用水源的选取**

应急备用水源的选取，首先是要考虑水质水量是否满足城市用水需求，备用水源水质应符合国家有关标准；其次是备用水源位置是否有利于与现有供水系统衔接，城市较大时可选取多个备用水源地，以保证水源的充足供应。

### 5.4.2 净水系统

**1. 预警系统（水质）**

随着城市供水水质问题的日益突出，人们对城市自来水安全饮用保障问题愈加关注。城市供水管网存在因管道检修、管道腐蚀、管道渗入、消毒副产物和恐怖袭击等影响供水水质的问题，同时管网具有分布复杂、范围广、地下隐蔽等特点，供水企业在没有建立有效的监测预警体系时，很难发现事故已经发生、确定污染源和影响区域，从而进行有效的处理和修复，而致造成重大的影响。

城市供水管网水质预警系统，主要包括水质监控系统、水质管理信息系统、实验鉴定系统、事故处理系统四个基本架构。通过需求分析，可以得出城市供水管网水质预警系统的构架和各子系统功能，通常认为水质预警系统应以管网水质监控系统和管网水质管理信息系统作为日常运行管理的基础，同时配套建设应急处置体系。因此，供水企业应该加强在线监测能力和应急检测能力，完善应对水质突发事件的应急预案。

**2. 应急处理工艺**

根据应急处理的技术要求和应对突发性水源污染事故的案例城市供水经验，通常有以下六类应急处理技术：

（1）应对可吸附有机污染物的活性炭吸附技术；

（2）应对金属非金属污染物的化学沉淀技术；

（3）应对还原性污染物的化学氧化技术；

（4）应对微生物污染的强化消毒技术；

（5）应对挥发性污染物的曝气吹脱技术；

（6）应对藻类暴发及其特征污染物（藻、藻毒素、臭味）的综合处理技术。

根据突发性污染事故性质，对可能涉及的污染物进行试验研究，确定适宜的应急处理技术、工艺参数和可以应对的污染物超标倍数，为城市供水行业应对水源突发性污染事故提供技术指导。

针对油类和有机污染，在水厂集水井处投加粉末活性炭（PAC），利用水源地至净水厂的输送距离，在输水管道中完成吸附过程，把应对突发污染的安全屏障前移；在粉末活性炭有效吸附（油类或有机）污染物前提下，利用高锰酸盐复合药剂氧化作用继续去除剩余污染物，切实保障饮用水水质安全。针对硫酸类污染物，同样可将安全屏障前移，在配水井或管道混合器处投加碱（石灰），利用碱（石灰）进行中和反应，使其形成微溶于水的硫酸钙沉淀，同时起到酸碱中和的目的；并在滤池出水处设置酸碱调节设备，保障供水水质的 pH 要求。

### 5.4.3 输配水系统

**1. 应急备用设施**

受水区城市的应急备用设施，可利用南水北调通水后部分关停的地下水水厂及当地其他水资源，应急备用水厂可采用间歇式补偿供水运行方式、保证地下水水厂应急情况下正常使用，应急备用水源应做好与常用水源的连通、保证应急情况下的顺利切换（图 5-4）。

**2. 备用设施运行模式**

地下水厂处理工艺简单，可采用间歇式补偿供水模式。通过分析城市用水规律，城市用水通常以日、周、月为一个周期，为节约运行成本，推荐采用以一个月为周期进行补偿供水。

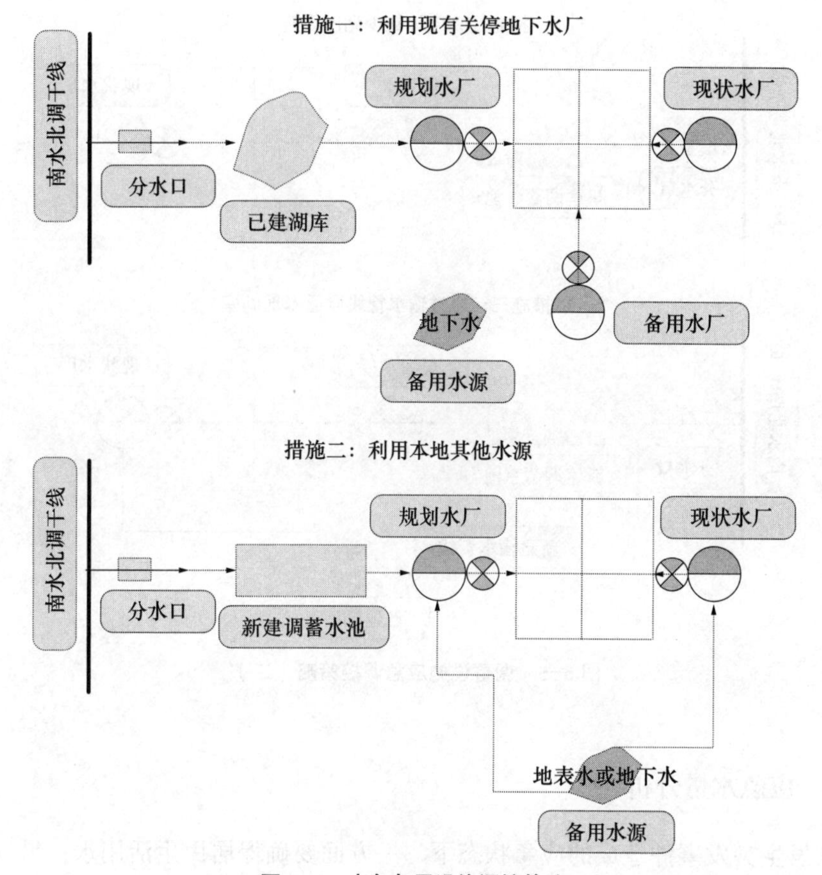


图 5-4　应急备用设施调控策略

**3. 调蓄**

调蓄设施主要作用是优化调整水资源利用时序，通常采用本地已建湖库、新建调蓄水池。由于水库一般都离城市中心较远，对于应对突发事件具有一定的滞后性。调蓄池作为短时间内快速供水的备用水源，其水源切换较为简便。调蓄池位置应尽量选取在水厂和水库之间、靠近水厂一侧，以便形成"水源来水—调蓄池—供水厂"的串联格局。调蓄池应对水质风险能力较差，其容量以满足应急期间的城市供水需求为宜（图 5-5）。

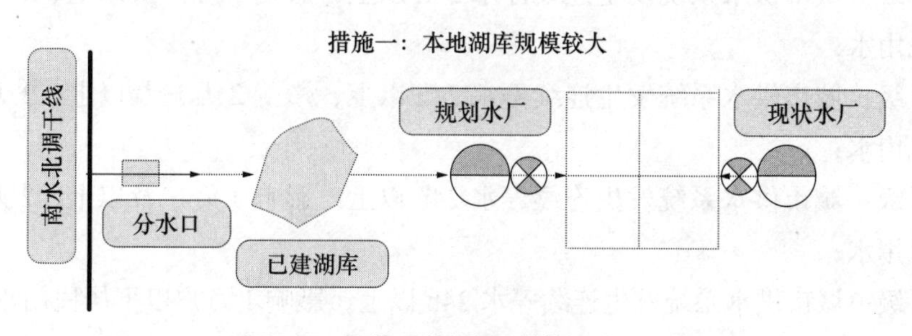


图 5-5　调蓄设施应急调控策略（一）

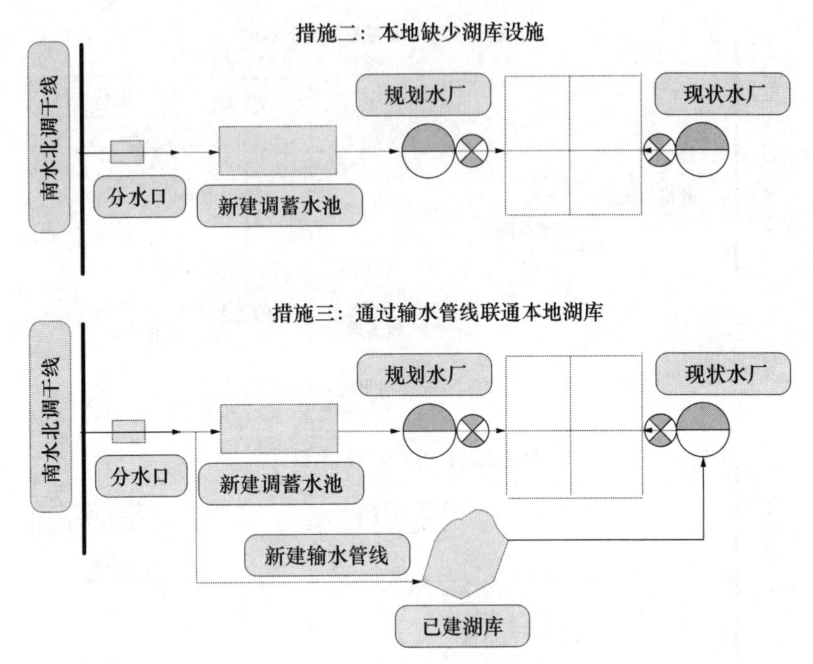


图 5-5 调蓄设施应急调控策略（二）

### 5.4.4 应急水量分析

在发生突发事件造成的应急状态下，一方面要确保居民生活用水；另一方面面对有限的水资源，如何使其产生最大的社会效益和经济效益成为应急供水调度的指导思想。应急供水应遵循如下原则：优先保证居民生活用水的基本需求，其次应满足重要企事业单位的供水，最后考虑一般企事业单位用水、生态用水和其他用水的供给。

居民家庭用水可划分为以下八个类别，即饮用水、洗漱用水、厨用水、洗手用水、冲厕用水、淋浴用水、卫生用水和洗衣用水。

城市居民供水应急状态分为Ⅰ、Ⅱ、Ⅲ、Ⅳ、Ⅴ级应急状态。

Ⅰ级：城市供水系统发生连续停水 24h 以上，影响 4 万户及以上居民用水；

Ⅱ级：城市供水系统发生连续停水 24h 以上，影响 3 万户及以上、4 万户以下居民用水；

Ⅲ级：城市供水系统发生连续停水 24h 以上，影响 2 万户及以上、3 万户以下居民用水；

Ⅳ级：城市供水系统发生连续停水 24h 以上，影响 1 万户及以上、2 万户以下居民用水；

Ⅴ级：城市供水系统发生连续停水 24h 以上，影响 1 万户以下居民用水。

以卫生器具的额定用水量作为估算各类用水的基础指标，考虑到额定流量是常态下采用的指标，其次还需满足常态下远期供水规划的要求，数值比实际值偏大。因此，课题组在计算应急生活用水量时，一次用水量和小时用水量均取定额的80%作为计算的依据。计算时须考虑不同的使用次数下对应不同的使用时间及使用水量，函数关系如下：

$$Q_{dc}=f(m,\ qc)$$

式中：$Q_{dc}$——次用水量计算的人均日用水量；

$m$——平均每天使用卫生器具的次数；

$qc$——卫生器具的一次使用水量。

$$Q_{dh}=f(m,\ n,\ qc)$$

式中：$Q_{dh}$——小时用水量计算的人均日用水量；

$m$——平均每天使用卫生器具的次数；

$n$——平均每次使用卫生器具的时间；

$qc$——卫生器具的小时用水量。

夏季是用水的高峰季节，与其他季节相比，居民可接受停水程度或可忍受缺水能力明显会降低。居民不能接受一天不洗澡，根据调查数据显示，夏季淋浴用水占了全部用水的30%－40%。考虑到夏季用水的特殊性，城市居民应急生活用水量按夏季和其他季节两类分别进行分析、计算。其中，夏季应急生活用水量包括饮用水、厨用水、洗漱用水、洗手用水、冲厕用水和淋浴用水；其他季节包括饮用水、厨用水、洗漱用水、洗手用水、冲厕用水和卫生用水。根据上述计算分析，再将结果进行多种组合累加，优选出5级应急状态下的各类用水量，从而计算出居民生活用水的最低人均日用水量。

**夏季应急日用水量** **表 5-3**

| 应急状态 | 饮用水/（L/h） | 洗漱/（L/h） | 厨用水/（L/h） | 洗手/（L/h） | 冲厕/（L/h） | 淋浴/（L/h） | 日用水量/[L/（人·日）] |
|---|---|---|---|---|---|---|---|
| Ⅰ | 0.40 | 3.00 | 13.33 | 1.00 | 18.00 | 10.00 | 28.40 |
| Ⅱ | 0.50 | 3.00 | 13.33 | 1.00 | 18.00 | 10.00 | 45.83 |
| Ⅲ | 0.60 | 3.00 | 13.33 | 1.25 | 24.00 | 20.00 | 62.18 |
| Ⅳ | 0.70 | 6.00 | 25.00 | 1.25 | 24.00 | 20.00 | 76.95 |
| Ⅴ | 0.80 | 6.00 | 25.00 | 1.50 | 30.00 | 30.00 | 93.30 |

**春秋冬应急日用水量** **表 5-4**

| 应急状态 | 饮用水/（L/h） | 洗漱/（L/h） | 厨用水/（L/h） | 洗手/（L/h） | 冲厕/（L/h） | 淋浴/（L/h） | 日用水量/[L/（人·日）] |
|---|---|---|---|---|---|---|---|
| Ⅰ | 0.40 | 3.00 | 13.33 | 1.00 | 18.00 | 2.00 | 20.40 |
| Ⅱ | 0.50 | 3.00 | 13.33 | 1.00 | 18.00 | 2.00 | 37.83 |

续表

| 应急状态 | 饮用水 /（L/h） | 洗漱 /（L/h） | 厨用水 /（L/h） | 洗手 /（L/h） | 冲厕 /（L/h） | 淋浴 /（L/h） | 日用水量 /［L/（人·日）］ |
|---|---|---|---|---|---|---|---|
| Ⅲ | 0.60 | 3.00 | 13.33 | 1.25 | 24.00 | 4.00 | 46.18 |
| Ⅳ | 0.70 | 6.00 | 25.00 | 1.25 | 24.00 | 4.00 | 60.95 |
| Ⅴ | 0.80 | 6.00 | 25.00 | 1.50 | 30.00 | 6.00 | 69.30 |

根据上述表（表 5-3，表 5-4）中给出的数据，可以计算任一城市的生活应急供水需求量，为了保证供需平衡，应急备用水源应当提供相应的水量。

# 第6章　典型城市供水系统布局优化及安全调控研究

## 6.1　石家庄市

### 6.1.1　城市供水现状

**1. 城市水源**

石家庄中心城区拥有地表水和地下水两种水源。市域内现有岗南水库、黄壁庄水库等大型水库4座，总库容31.29亿$m^3$、兴利库容12.15亿$m^3$。中心城区地下水年开采量约3.76亿$m^3$。除西北地表水厂利用岗南水库、黄壁庄水库水源，生态环境用水使用冶河、黄壁庄水库水源外，其他均以地下水为水源。

石家庄中心城区范围内，老城区、东部产业区和滹沱河地区的供水各自独立、自成系统。供水形式除了滹沱河地区全部为自备水源外，其他地区均为市政自来水和自备井联合供水（图6-1）。

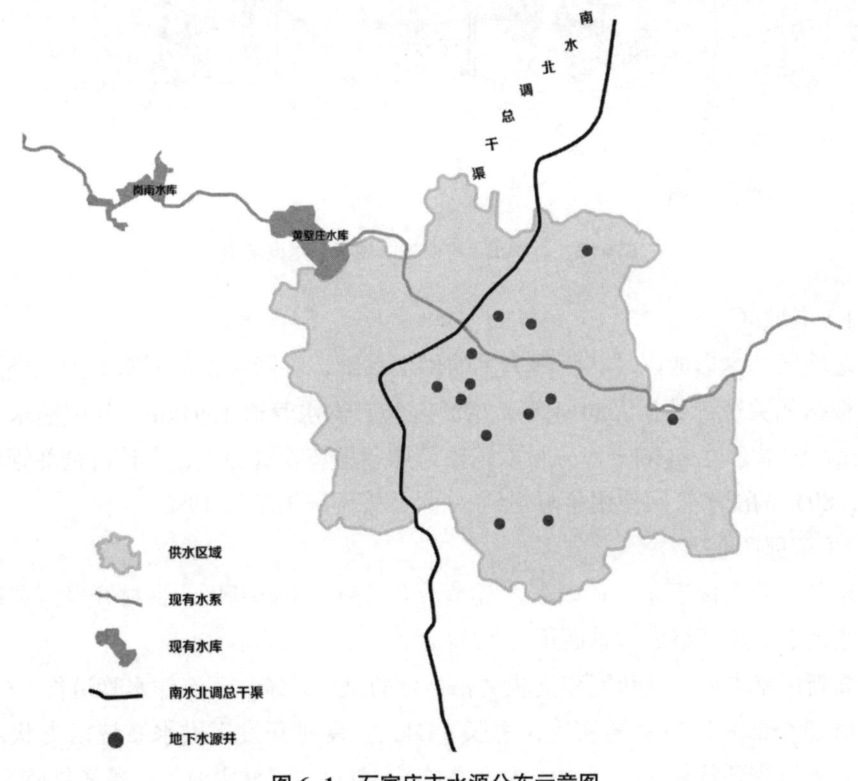


图6-1　石家庄市水源分布示意图

**2. 供水厂站**

中心城区现有 7 座水厂，其中地下水厂 6 座、地表水厂 1 座，此外在滹沱河水源地还有 7 座水厂，主要功能为采水和配水。西北地表水厂设计供水规模 30 万 $m^3/d$，水源来自岗黄水库。地下水厂供水总规模为 27 万 $m^3/d$。

**3. 配水管网（图 6-2）**

图 6-2　石家庄市中心城区现状供水设施图

1）老城区

老城区基本形成以环状管网为主的供水系统，管网覆盖范围基本为二环路以里。根据相关统计数据，2013 年，老城区共有供水管道 1597km，其中输水管道 251km、配水管道 1346km。管材以铸铁管和球墨铸铁管为主，合计占全部管材的 50%；80% 的配水管网使用年限不到 30 年，管网漏损率为 19%。

2）东部产业区

东部产业区位于东二环以东、石津干渠以南，由高新区、良村开发区和循环化工基地 3 个园区组成，总面积约 $122km^2$。

高新区基本形成环状网和支状网相结合的供水系统，现有输水管道长 3.6km；配水管道全部采用球墨铸铁管，总长 142km。良村开发区供水系统以支状网为主，尚未形成环状供水系统，配水管道总长 38km，管材主要为球墨铸铁管和 PE

管，少量为PVC管。化工基地基本形成了环状供水管网，配水管道长8.7km，管材主要为球墨铸铁管和PE管。

**4. 供用水量**

2012年，全市综合生活、工业生产和景观环境用水总量约5.5亿$m^3$；其中，综合生活和工业生产用水量在4.2亿－4.5亿$m^3$之间（图6-3）。从水源结构看，地表水约1.0亿$m^3$、约占20%，地下水3.2亿－3.5亿$m^3$、约占80%。从供给来源看，市政供水约1.8亿$m^3$、约占40%，自备井供水约2.7亿$m^3$、约占60%。

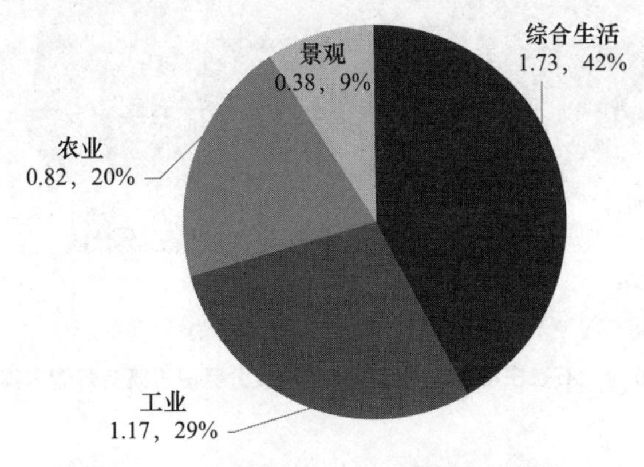


**图6-3　石家庄市中心城区现状用水情况**

### 6.1.2　既有规划方案概述

根据相关规划内容，石家庄市中心城区既有供水工程方案如下。

**1. 规划范围**

城市供水设施建设，需统筹考虑中心城区及其周边村镇，供水范围包括中心城区、良村开发区、化工基地、周边35个村庄等区域，面积468$km^2$，供水人口360万人。

考虑到老城区和其他区域的供水设施基本自成体系，既有规划方案采用分区供水形式，以京港澳高速公路和青银高速公路为界划分为三个供水分区，分别为老城区、滹沱河地区和东部产业区（图6-4）。东部产业区、良村开发区和化工基地打破各自独立的供水系统，联合供水，实现供水设施共享；老城区和滹沱河地区供水自成系统。

**2. 规划期限**

规划期限为2011-2020年，其中近期为2011-2015年、远期为2016-2020年。

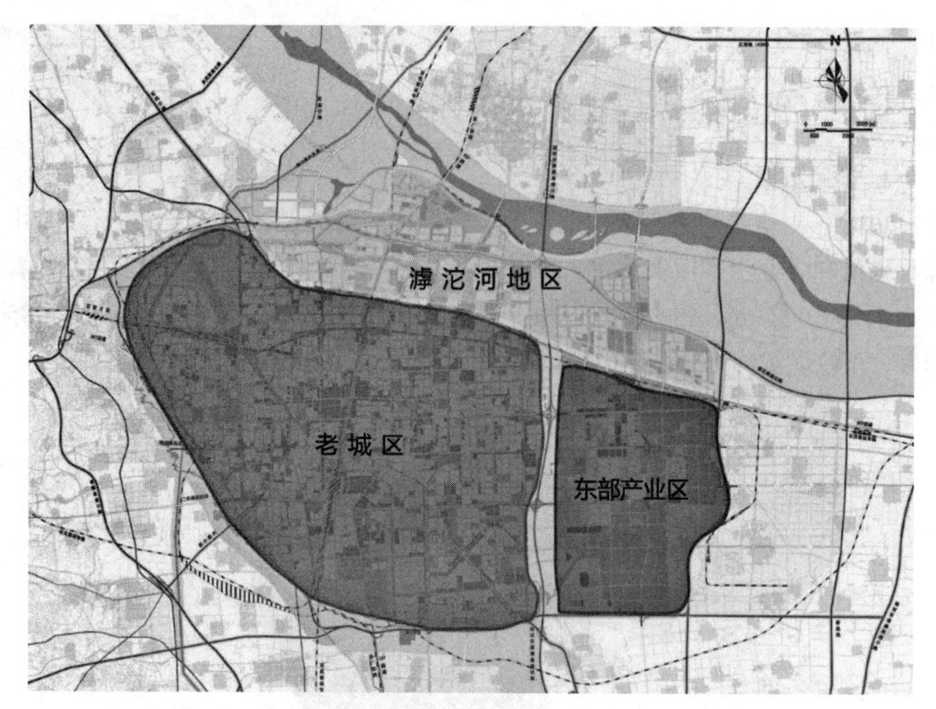


图 6-4 石家庄市中心城区供水范围及分区图（既有规划方案）

**3. 需水量**

通过分类用水量指标法对中心城区远期需水量进行预测，包括综合生活需水量、工业需水量、生态环境需水量、管网漏损和未预见水量。预测结果为，远期中心城区综合生活需水量为 3.32 亿 $m^3$、工业需水量为 2.82 亿 $m^3$、生态环境需水量为 2.82 亿 $m^3$、管网漏损和未预见水量为 0.92 亿 $m^3$，总需水量为 9.88 亿 $m^3$，最高日需水量 318.8 万 $m^3$。

**4. 供水水源**

中心城区供水水源，包括地下水、地表水和再生水三部分。在地下水位基本维持现状水平基础上，地下水可开采量为 1.64 亿 $m^3$。地表水可供水量为 5.66 亿 $m^3$，其中南水北调可供水量为 4.04 亿 $m^3$，岗南水库、黄壁庄水库及冶河可供水量为 1.62 亿 $m^3$。远期，中心城区的再生水年回用量为 3.65 亿 $m^3$，再生水利用率为 65%，再生水主要用于对水质要求较低的工业冷却、城市杂用、环境景观、农业用水等。

**5. 供水厂**

规划期末中心城区共有 13 座水厂，供水总规模 227 万 $m^3/d$；其中地下水厂 7 座、供水规模 57 万 $m^3/d$，地表水厂 6 座、供水规模 170 万 $m^3/d$（表 6-1）。

给水厂规划一览表 表 6-1

| 序号 | 区域 | 水厂名称 | 供水规模（万 $m^3/d$） | 用地规模（公顷） | 水源 |
|---|---|---|---|---|---|
| 1 | 老城区 | 地下水一厂 | 5 | 2.1 | 地下水 |
| 2 | | 地下水四厂 | 10 | 2.7 | 地下水 |
| 3 | | 地下水五厂 | 5 | 3.5 | 地下水 |
| 4 | | 地下水六厂 | 12 | 7.4 | 地下水 |
| 5 | | 西北地表水厂 | 40 | 23.2 | 岗黄水库和引江水 |
| 6 | | 东北地表水厂 | 25 | 13.0 | 引江水 |
| 7 | | 东南地表水厂 | 25 | 12.6 | 引江水 |
| 8 | | 西南地表水厂 | 20 | 11.5 | 引江水 |
| 9 | 滹沱河 | 滹沱河地下水厂 | 6 | 3.3 | 地下水 |
| 10 | 东部产业区 | 东开发区地下水厂 | 5 | 3.9 | 地下水 |
| 11 | | 东开发区规划地下水厂 | 14 | 5.0 | 地下水 |
| 12 | | 东开发区地表水厂 | 30 | 13.0 | 引江水 |
| 13 | | 良村地表水厂 | 30 | 17.0 | 南水引江水 |
| 总和 | | | 227 | 118.3 | |

老城区保留现状 4 座地下水厂，扩建西北地表水厂，新建东北、东南、西南等 3 座地表水厂。到规划期末，老城区将形成由 8 座水厂（地下水厂 4 座、地表水厂 4 座）组成的多水源供水系统，供水总规模 142 万 $m^3/d$，其中地表水厂规模 110 万 $m^3/d$、地下水厂规模 32 万 $m^3/d$。

滹沱河地区规划新建 1 座地下水厂，供水规模 6 万 $m^3/d$。

东部产业区、良村开发区和化工基地打破现有各自供水状况，统一纳入城市供水系统，实现供水设施共建共享。保留现状东部产业区地下水厂，新建地下水厂 1 座，新建地表水厂 2 座。规划期末东部产业区供水总规模 79 万 $m^3/d$，其中地表水厂规模 60 万 $m^3/d$、地下水厂规模 19 万 $m^3/d$。

### 6. 泵站

为了满足用户接管点处服务水头 28m 的管网压力要求，保留现状加压泵站 1 座、改建 2 座、新建 3 座，至规划期末中心城区共 6 座加压泵站。

### 7. 管网

供水系统配水管网均采取环状管网形式（图 6-5）。滹沱河、老城区、东部产业区三个供水分区之间适当设置连通管，便于应急调度供水。

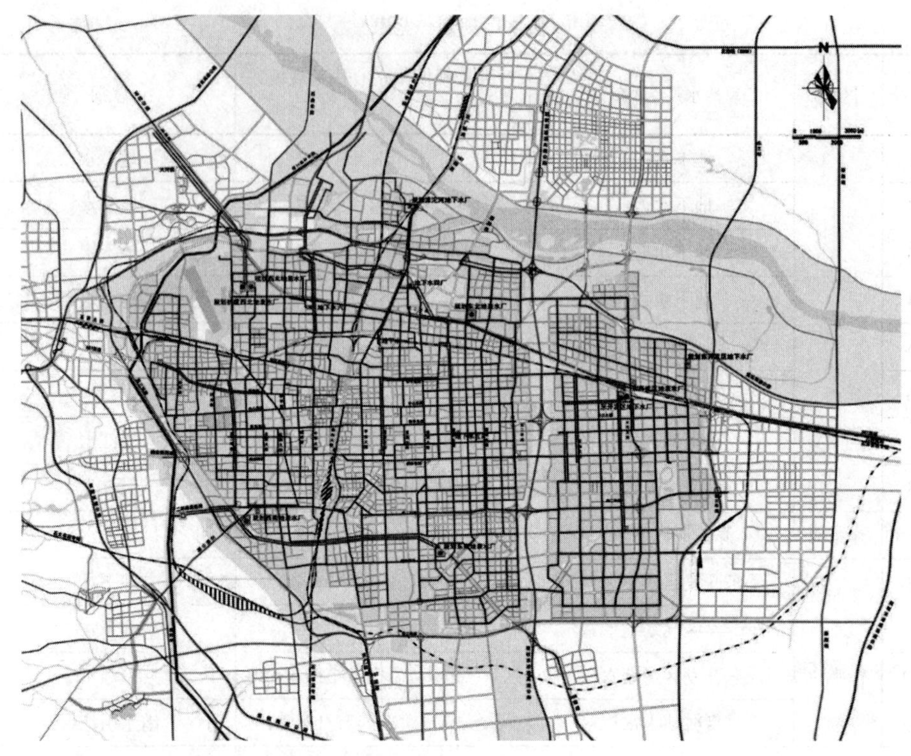

图 6-5 石家庄市中心城区供水设施布局图（既有规划方案）

### 6.1.3 既有规划方案评估

采用模糊综合评价法对既有规划方案进行综合评价，石家庄市供水配套工程布局综合得分为 7.491（表 6-2）。

石家庄市供水配套工程布局综合评估结果　　表 6-2

| 专家评估结果 | | | 综合评价结果 | |
|---|---|---|---|---|
| 指标层 | 合成权重 | 评估结果 | 准则层 | 石家庄市 |
| 水源结构 | 0.270 | 8.6 | 水源 | 3.755 |
| 应急备用水源能力 / 南水调蓄能力 | 0.217 | 6.6 | | |
| 输水管线布局 | 0.135 | 6.2 | 输水 | 1.272 |
| 输水管线安全可靠性 | 0.064 | 6.8 | | |
| 现状水厂利用 | 0.056 | 7.6 | 水厂 | 1.719 |
| 南水引江水厂选址 | 0.060 | 8.6 | | |
| 水厂布局 | 0.108 | 7.2 | | |
| 管网布局 | 0.055 | 8.2 | 管网 | 0.745 |
| 现状管网利用 | 0.035 | 8.4 | | |

### 1. 水源

水源结构较合理。规划方案较好地贯彻了优水优用的原则，考虑了再生水的利用潜力，通过水资源合理配置，规划实现远期地下水采补平衡。

中心城区备用水量 1.07 亿 $m^3$，备用水源供水能力占供水需求的比重为 10%，比例较低，城市供水系统存在一定的安全风险，缺少应急水源的考虑。

### 2. 输水

既有规划方案的输水管渠方案较为合理，但未考虑南水北调中线工程和现状西北地表水厂输水管交叉处的连通，紧急情况时不能实现两种水源的切换。

输水工程的建设形式采用管道和明渠相结合的形式，其中管道均为双管布置，明渠充分利用了中心城区北侧的现状石津渠，但也增加了水源受污染的风险。

既有规划方案尽量减少穿越铁路、公路等障碍物和避开地质不良地段。

### 3. 水厂

既有规划方案在保证远期地下水不超采的基础上对现状地下水厂进行适当保留，对现状地表水厂进行适度扩建，充分利用了现有水厂的供水能力，方案较为合理。

规划新建的 5 座地表水厂和南水北调中线工程、石津渠的衔接顺畅，具备较好的水力流程条件，和城市的主要发展方向一致，选址较为合理。

现状保留水厂及规划新建水厂基本位于城市边缘地带，水厂布局较为均匀，供水范围较为均衡，有利于供水系统运行调度。

### 4. 管网

中心城区主要发展方向为北、东、南，管网布局分区充分考虑了城市发展方向和城市功能组团布局，分区较为合理。

既有规划方案虽然考虑了铁路、水系等障碍物的影响，但部分区域仍然存在配水支管多次穿越水系、铁路的现象，仍有进一步优化的空间。配水主干管网布置结构较为合理，同时考虑了各个供水分区之间的连通，总体上较为合理。

既有规划方案仍有进一步优化的空间。应在充分利用现状管网的基础上，对个别影响整体布局的管段废用，以使配水管网结构更加合理。

### 5. 小结

总体上，石家庄市既有规划方案充分考虑了接收引江水的要求，对输水通道进行了预留，给水厂站选址和规模、管网布局较为合理。但水源应急能力较弱，输水管线布局的合理性有待进一步加强。在充分利用现状水厂的基础上，通过在城市外围规划新建水厂，减少了南水北调通水后对现状供水格局的影响。

### 6.1.4 布局方案优化

#### 1. 水源

南水北调通水后，石家庄市中心城区将形成引江水、水库水和地下水构成的多水源供水格局，供水可靠性和保障能力明显增强；但引江水可能出现的水质、水量问题不可忽视。通过对石家庄市供水系统的深入调查和研究，建议从两个方面加强水源应急能力建设。一，是加强地表水厂和地下水厂的供水保障能力，根据既有规划方案中水厂规模，地表水厂和地下水厂的正常运行可保证城市供水量的 40%，紧急情况时城市生活供水可得到保证。二，是从区域调配的角度考虑，增加岗南、黄壁庄水库对石家庄的供给量，通过石津渠供给东北地表水厂、东部产业区地表水厂，增加应急情况时中心城区的供水保障能力。

#### 2. 输水（图 6-6）

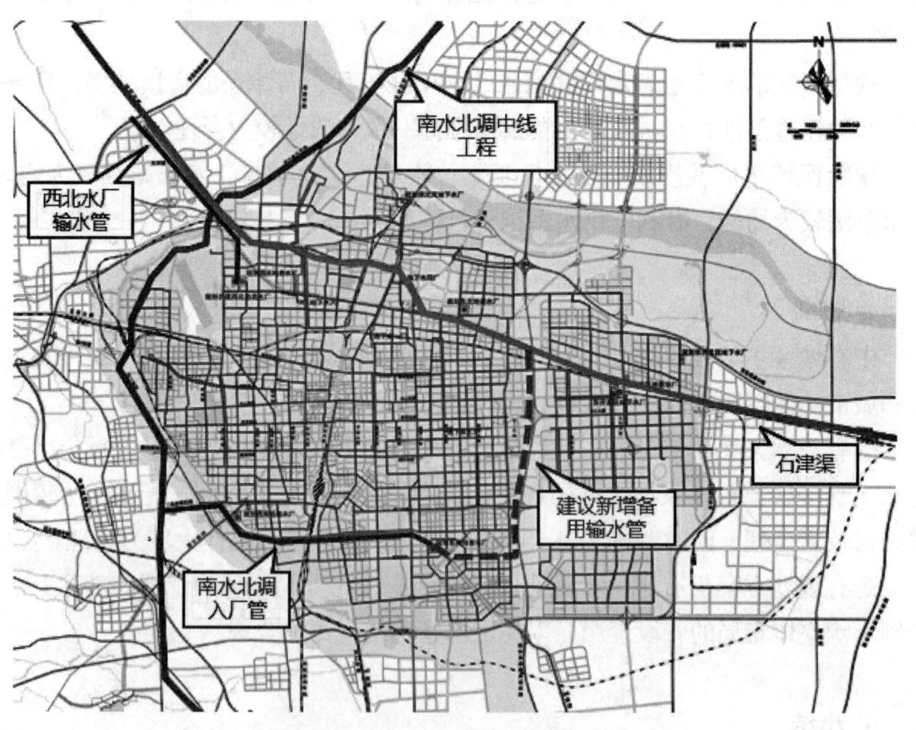


图 6-6 石家庄中心城区输水管渠示意图

基于供水安全角度考虑，建议在以下三个方面优化方案。

1）增加连通。输水管渠建设应充分考虑多种水源切换的可能，在南水北调中线工程和现状西南地表水厂输水管道交叉处建立有效连通，实现引江水和岗南、黄壁庄水库水源的灵活切换，提高供水系统安全性。

2）增加石津渠至西南地表水厂、东南地表水厂的输水通道。建议修建自石津渠沿京港澳高速公路修建备用输水管道，与南水北调中线工程至西南地表水厂、东南地表水厂的输水管道连通，形成“原水输水环线”，在引江水出现水质水量问题导致短历时缺水时，可通过该渠道将岗南水库、黄壁庄水库的水源供应至西南地表水厂和东南地表水厂，提高供水安全保障能力。

3）加强输水明渠的卫生防护。石津渠是重要的区域输水通道，同时引江水通过该渠道输送至东北地表水厂和东开发区地表水厂，应参照水源地进行管理。供水单位应在渠道沿线设置明显的范围标志和严禁事项的告示牌。沿岸防护范围内不得堆放废渣，不得设立有害化学物品仓库、堆栈或装卸垃圾、粪便和有毒物品的码头，不得从事放牧等有可能污染该段水域水质的活动。

**3. 水厂（图 6-7）**

石家庄市中心城区规划新建的 5 座地表水厂可以实现和南水北调中线工程、石津渠的有效衔接，进、出水较为顺畅，具备较好的水力流程条件，和城市的主要发展方向一致，选址较为合理。现状保留及规划新建水厂基本位于城市外围，且分布较为均匀，供水范围较为均衡，有利于供水系统运行。

图 6-7　石家庄中心城区水厂供水范围示意图

**4. 管网**

既有规划方案中给水管网为环状网，同时在供水分区之间建立了有效连通，安全性较高。中心城区南部区域的供水水源由现状西北地表水厂改为规划新建的西南地表水厂和东南地表水厂，部分管网的水流方向将会发生变化、出现逆向供水的现象，应对该区域内的干管进行重新设计和建设。进一步优化管网布局和管网分区，尽量减少管道穿越铁路、高速公路、水系等障碍物次数。

**5. 小结**

优化方案提出了现状输水管道和南水北调工程的连通方案，解决了西北地表水厂的水源备用问题，提高了供水可靠性和安全性。通过建设中心城区“源水环线”，可实现引江水、本地水源的灵活切换，大幅提高了石家庄市的城市供水应急保障能力。

### 6.1.5 供水系统安全风险评估

选择22项风险要素，利用风险矩阵法确定各风险要素的风险等级，同时利用层次分析法构建风险要素递阶层次模型，计算风险综合重要度；最后计算各子系统风险值。结果表明，石家庄市供水系统运行风险较低，调水系统是主要风险来源，本地水文条件改变也会带来系统运行风险。

**1. 石家庄市供水系统风险矩阵分析**

首先采用风险矩阵法实现标准化分析各类风险因素，通过对风险可能性K1与严重性K2的量化，描述供水系统风险发生的频率和危害程度，初步获得单风险因素的风险值（表6-3）。可以看出，石家庄市供水系统运行风险主要来自调水系统，为南水北调干渠事故、水源区和受水区枯水期遭遇带来的水量风险。由于石家庄市拥有岗南水库、黄壁庄水库等本地水源，削减了调水系统带来的风险。

**石家庄市供水系统风险矩阵表** 表6-3

| 目标层 | 准则层 | 子准则层 | | | | |
|---|---|---|---|---|---|---|
| | | 风险因素 | 发生频率K1 | 危害程度K2 | 风险值 | 风险等级 |
| 受水区城市供水系统风险A | 调水系统B1 | 分水口门检修C1 | 4 | 4 | 16 | Ⅳ级 |
| | | 调蓄系统C2 | 4 | 2 | 8 | Ⅱ级 |
| | | 水源和受水区枯水年遭遇C3 | 2 | 5 | 10 | Ⅲ级 |
| | | 来水水质污染C4 | 1 | 5 | 5 | Ⅱ级 |

续表

| 目标层 | 准则层 | 子准则层 | | | | |
|---|---|---|---|---|---|---|
| | | 风险因素 | 发生频率 K1 | 危害程度 K2 | 风险值 | 风险等级 |
| 受水区城市供水系统风险 A | 取水系统 B2 | 水源布局 D1 | 4 | 3 | 12 | Ⅲ级 |
| | | 水文条件变化 D2 | 2 | 4 | 8 | Ⅱ级 |
| | | 水厂布置 D3 | 3 | 4 | 12 | Ⅲ级 |
| | | 本地水资源禀赋 D4 | 3 | 3 | 9 | Ⅱ级 |
| | | 水源水质条件 D5 | 1 | 3 | 3 | Ⅰ级 |
| | | 地下水储备 D6 | 1 | 3 | 3 | Ⅰ级 |
| | 净水系统 B3 | 设备老化、腐蚀 E1 | 3 | 4 | 12 | Ⅲ级 |
| | | 运行或维修时误操作 E2 | 2 | 3 | 6 | Ⅱ级 |
| | | 在线监测 E3 | 2 | 3.5 | 7 | Ⅱ级 |
| | | 员工培训制度 E4 | 1 | 2.75 | 2.75 | Ⅰ级 |
| | 输水系统 B4 | 水源切换 F1 | 2 | 4 | 8 | Ⅱ级 |
| | | 应急联络管线 F2 | 2 | 5 | 10 | Ⅲ级 |
| | 配水系统 B5 | 供水管网适应性 G1 | 3 | 3 | 9 | Ⅱ级 |
| | | 管网老化 G2 | 3 | 2.75 | 8.25 | Ⅱ级 |
| | | 管道保养维护 G3 | 2 | 2 | 4 | Ⅰ级 |
| | | 应急备用设施 G4 | 2 | 3 | 6 | Ⅱ级 |
| | | 供水格局 G5 | 2 | 3 | 6 | Ⅱ级 |
| | | 管材类型 G6 | 2 | 1 | 2 | Ⅰ级 |

**2. 石家庄市供水系统安全风险层次分析**

利用层次分析模型，构造风险因素的判断矩阵，通过两两比较的方式，得出各风险因素之间的相互关系，计算各风险因素的风险值；然后借助综合评价得出供水系统的综合评价向量，即受水区城市供水系统的风险级。可以看出，调水系统具有较高的风险级（表 6−4 至表 6−10）。

**石家庄市供水系统风险因子权重计算　　表 6−4**

| 判断矩阵 A−B | | | | | | |
|---|---|---|---|---|---|---|
| A | B1 | B2 | B3 | B4 | B5 | WA |
| B1 | 1 | 4 | 5 | 3 | 3 | 0.462 |
| B2 | 1/4 | 1 | 3 | 2 | 2 | 0.210 |
| B3 | 1/5 | 1/3 | 1 | 1 | 1 | 0.098 |
| B4 | 1/3 | 1/2 | 1 | 1 | 1 | 0.115 |
| B5 | 1/3 | 1/2 | 1 | 1 | 1 | 0.115 |
| CI = | 0.036 < 0.1 | | | | | |

石家庄市调水系统风险要素权重计算 表 6-5

判断矩阵 B1-C

| B1 | C1 | C2 | C3 | C4 | W |
|---|---|---|---|---|---|
| C1 | 1 | 3 | 2 | 3 | 0.449 |
| C2 | 1/3 | 1 | 3 | 2 | 0.269 |
| C3 | 1/2 | 1/3 | 1 | 1 | 0.146 |
| C4 | 1/3 | 1/2 | 1 | 1 | 0.136 |
| CI = | | | 0.057 < 0.1 | | |

石家庄市取水系统风险要素权重计算 表 6-6

判断矩阵 B2-D

| B2 | D1 | D2 | D3 | D4 | D5 | D6 | W |
|---|---|---|---|---|---|---|---|
| D1 | 1 | 3 | 1 | 1 | 4 | 6 | 0.261 |
| D2 | 1/3 | 1 | 1/3 | 1/3 | 3 | 3 | 0.111 |
| D3 | 1 | 3 | 1 | 1 | 4 | 6 | 0.261 |
| D4 | 1 | 3 | 1 | 1 | 4 | 6 | 0.261 |
| D5 | 1/4 | 1/3 | 1/4 | 1/4 | 1 | 3 | 0.069 |
| D6 | 1/6 | 1/3 | 1/6 | 1/6 | 1/3 | 1 | 0.037 |
| CI = | | | | 0.03 < 0.1 | | | |

石家庄市净水系统风险要素权重计算 表 6-7

判断矩阵 B3-E

| B3 | E1 | E2 | E3 | E4 | W |
|---|---|---|---|---|---|
| E1 | 1 | 1 | 3 | 4 | 0.374 |
| E2 | 1 | 1 | 3 | 4 | 0.374 |
| E3 | 1/3 | 1/3 | 1 | 4 | 0.176 |
| E4 | 1/4 | 1/4 | 1/4 | 1 | 0.076 |
| CI = | | | 0.053 < 0.1 | | |

石家庄市输水系统风险要素权重计算 表 6-8

判断矩阵 B4-F

| B4 | F1 | F2 | W |
|---|---|---|---|
| F1 | 1 | 1/2 | 0.333 |
| F2 | 2 | 1 | 0.667 |
| CI = | 0.000 < 0.1 | | |

石家庄市配水系统风险要素权重计算 表 6-9

| 判断矩阵 B5-G | | | | | | | |
|---|---|---|---|---|---|---|---|
| B5 | G1 | G2 | G3 | G4 | G5 | G6 | W |
| G1 | 1 | 3 | 2 | 4 | 2 | 2 | 0.324 |
| G2 | 1/3 | 1 | 2 | 1 | 2 | 2 | 0.181 |
| G3 | 1/2 | 1/2 | 1 | 1/2 | 1 | 1 | 0.108 |
| G4 | 1/4 | 1 | 2 | 1 | 2 | 1/2 | 0.143 |
| G5 | 1/2 | 1/2 | 1 | 1/2 | 1 | 1 | 0.108 |
| G6 | 1/2 | 1/2 | 1 | 2 | 1 | 1 | 0.136 |
| CI = | 0.07615 < 0.1 | | | | | | |

石家庄市供水系统安全风险综合评价结果 表 6-10

| 目标层 | 准则层 | 子准则层 | | | | | 综合风险值 |
|---|---|---|---|---|---|---|---|
| | | 风险因素 | 发生频率K1 | 危害程度K2 | 风险值 | 风险等级 | |
| 受水区城市供水系统风险 A | 调水系统 B1 | 分水口门检修 C1 | 4 | 4 | 16 | Ⅳ级 | 11.70 |
| | | 调蓄系统 C2 | 4 | 2 | 8 | Ⅱ级 | |
| | | 水源和受水区枯水年遭遇 C3 | 2 | 5 | 10 | Ⅲ级 | |
| | | 来水水质污染 C4 | 1 | 5 | 5 | Ⅱ级 | |
| | 取水系统 B2 | 水源布局 D1 | 4 | 3 | 12 | Ⅲ级 | 9.82 |
| | | 水文条件变化 D2 | 2 | 4 | 8 | Ⅱ级 | |
| | | 水厂布置 D3 | 3 | 4 | 12 | Ⅲ级 | |
| | | 本地水资源禀赋 D4 | 3 | 3 | 9 | Ⅱ级 | |
| | | 水源水质条件 D5 | 1 | 3 | 3 | Ⅰ级 | |
| | | 地下水储备 D6 | 1 | 3 | 3 | Ⅰ级 | |
| | 净水系统 B3 | 设备老化、腐蚀 E1 | 3 | 4 | 12 | Ⅲ级 | 8.17 |
| | | 运行或维修时误操作 E2 | 2 | 3 | 6 | Ⅱ级 | |
| | | 在线监测 E3 | 2 | 3.5 | 7 | Ⅱ级 | |
| | | 员工培训制度 E4 | 1 | 2.75 | 2.75 | Ⅰ级 | |
| | 输水系统 B4 | 水源切换 F1 | 2 | 4 | 8 | Ⅱ级 | 9.33 |
| | | 应急联络管线 F2 | 2 | 5 | 10 | Ⅲ级 | |
| | 配水系统 B5 | 供水管网适应性 G1 | 3 | 3 | 9 | Ⅱ级 | 6.62 |
| | | 管网老化 G2 | 3 | 2.75 | 8.25 | Ⅱ级 | |
| | | 管道保养维护 G3 | 2 | 2 | 4 | Ⅰ级 | |
| | | 应急备用设施 G4 | 2 | 3 | 6 | Ⅱ级 | |
| | | 供水格局 G5 | 2 | 3 | 6 | Ⅱ级 | |
| | | 管材类型 G6 | 2 | 1 | 2 | Ⅰ级 | |

### 6.1.6 供水系统安全调控方案

基于上述风险评估结果，规划假设三种极端情景模式提出石家庄市供水系统安全调控方案。

1）情景一：水源区和受水区枯水年遭遇

根据河北省南水北调配套工程规划，90% 供水保证率下石家庄市分水量为多年平均值的 72%。该情景下，调控前自来水厂供水能力降至 185 万 $m^3/d$、满足规划 158 万 $m^3/d$ 的需水量，再生水厂供水能力降至 115 万 $m^3/d$、满足再生水用水总量要求，地表原水可供 21 万 $m^3/d$、不满足生态景观对新鲜水 35 万 $m^3/d$ 的要求。综上，该情景下的问题为：生态景观用水不足，缺口 14 万 $m^3/d$。

建议采用的调控方法为：以城市再生水厂出水补给生态景观用水，该情境下城市再生水厂出水 115 万 $m^3/d$，除回用城市杂用、工业、生态景观水量 100 万 $m^3/d$ 外，尚余 15 万 $m^3$ 可弥补生态用水 14 万 $m^3/d$ 的需水缺口（表 6-11）。

**石家庄市 90% 保证率时供水配置情况** **表 6-11**

| 名称 | 综合生活 | 工业 | | 生态和景观 | 未预见 | 合计 |
|---|---|---|---|---|---|---|
| | | 热电 | 一般工业 | | | |
| 再生水 | 14.79 | 21.64 | 22.19 | 55.96 | 0.00 | 114.58 |
| 新鲜水 | 0.00 | 0.00 | 0.00 | 21.3 | 0.00 | 21.3 |
| 自来水 | 94.36 | 0.00 | 33.43 | 0.00 | 30.25 | 158.04 |
| 供水总量 | 109.15 | 21.64 | 55.62 | 77.26 | 30.25 | 293.92 |
| 供水普及率 | 100% | 100% | 100% | 100% | 100% | 100% |

2）情景二：南水北调主干渠穿黄工程检修

极端情况下，南水北调来水量为多年平均值的 40%。该情境下，调控前自来水厂供水能力降至 138 万 $m^3/d$、不满足规划 158 万 $m^3/d$ 的用水需求，再生水厂供水能力降至 86 万 $m^3/d$、不满足再生水 100 万 $m^3/d$ 的用水需求，地表水可供 21 万 $m^3/d$、不满足生态景观对新鲜水 35 万 $m^3/d$ 的用水需求。综上，该情景下的问题为：自来水厂供水能力不足、缺口 20 万 $m^3/d$，再生水厂供水能力不足、缺口 13 万 $m^3/d$，生态景观用水不足、缺口 14 万 $m^3/d$。

建议调控方法为：岗南水库、黄壁庄水库、冶河缩减生态景观水量 20 万 $m^3/d$，相应水量调整至西北地表水厂弥补供水缺口；再生水优先保障生活用水、工业用水需求。此时，中心城区生态和景观用水普及率为 37%，综合生活、工业生产、未预见用水的普及率为 100%，总用水普及率 83%（表 6-12）。

石家庄市 40% 来水量时供水配置情况　　表 6-12

| | 综合生活 | 工业 | | 生态和景观 | 未预见 | 合计 |
|---|---|---|---|---|---|---|
| | | 热电 | 一般工业 | | | |
| 再生水 | 14.79 | 21.64 | 22.19 | 27.59 | 0 | 86.20 |
| 新鲜水 | 0 | 0 | 0 | 0.9 | 0 | 0.90 |
| 自来水 | 94.36 | 0 | 33.43 | 0 | 30.25 | 158.04 |
| 供水总量 | 109.15 | 21.64 | 55.62 | 28.49 | 30.25 | 245.14 |
| 供水普及率 | 100% | 100% | 100% | 37% | 100% | 83% |

3）情景三：南水北调石家庄输水线发生水质风险

南水北调发生水质事故情况下，须关闭中心城区分水口门，此时南水北调来水量为0。该情境下，调控前自来水厂供水能力降至80万 $m^3$/d、不满足规划的158万 $m^3$/d 的用水需求，再生水厂供水能力降至49万 $m^3$/d、不满足再生水100万 $m^3$/d 的用水需求，地表水可供21万 $m^3$/d、不满足生态景观对新鲜水35万 $m^3$/d 的用水需求。综上，该情景下的问题为：自来水供水能力不足、缺口78万 $m^3$/d，再生水厂供水能力不足、缺口50万 $m^3$/d，生态景观用水不足、缺口14万 $m^3$/d。

建议调控方法为：岗南水库、黄壁庄水库、冶河缩减生态景观水量21万 $m^3$/d，调整至西北地表水厂弥补供水缺口；再生水优先保障生活用水、热电厂用水需求。此时，中心城区生活用水普及率为77%、热电厂用水普及率100%、一般工业用水普及率54%，总用水普及率51%（表6-13）。

石家庄市水质事故时供水配置情况　　表 6-13

| | 综合生活 | 工业 | | 生态和景观 | 未预见 | 合计 |
|---|---|---|---|---|---|---|
| | | 热电 | 一般工业 | | | |
| 再生水 | 14.79 | 21.64 | 13.25 | 0.00 | 0.00 | 49.68 |
| 新鲜水 | 0.00 | 0.00 | 0.00 | 0.00 | 0.00 | 0.00 |
| 自来水 | 69.07 | 0.00 | 16.92 | 0.00 | 15.31 | 101.30 |
| 供水总量 | 83.86 | 21.64 | 30.17 | 0.00 | 15.31 | 150.98 |
| 供水普及率 | 77% | 100% | 54% | 0 | 51% | 51% |

## 6.2　保定市

### 6.2.1　城市供水现状

#### 1. 城市水源（图6-8）

地下水水源：根据保定市水资源评价报告，市区315$km^2$ 范围内，地下水资源总量为 5351 万 $m^3$。由于多年的开采，2000 年前一亩泉地下水源地的漏斗中心水位以 1.4−1.8m/a 的速率下降，2000 年后随着对地下水的合理管制以及地表水厂的运行，开采量减少，地下水位上升。在合理开采的前提下，一亩泉水源地的供水能力约为 12 万 $m^3/d$。市区其他水源地（如大马坊、红旗苗圃等），由于水质不好且处于建成区，远期规划关闭。

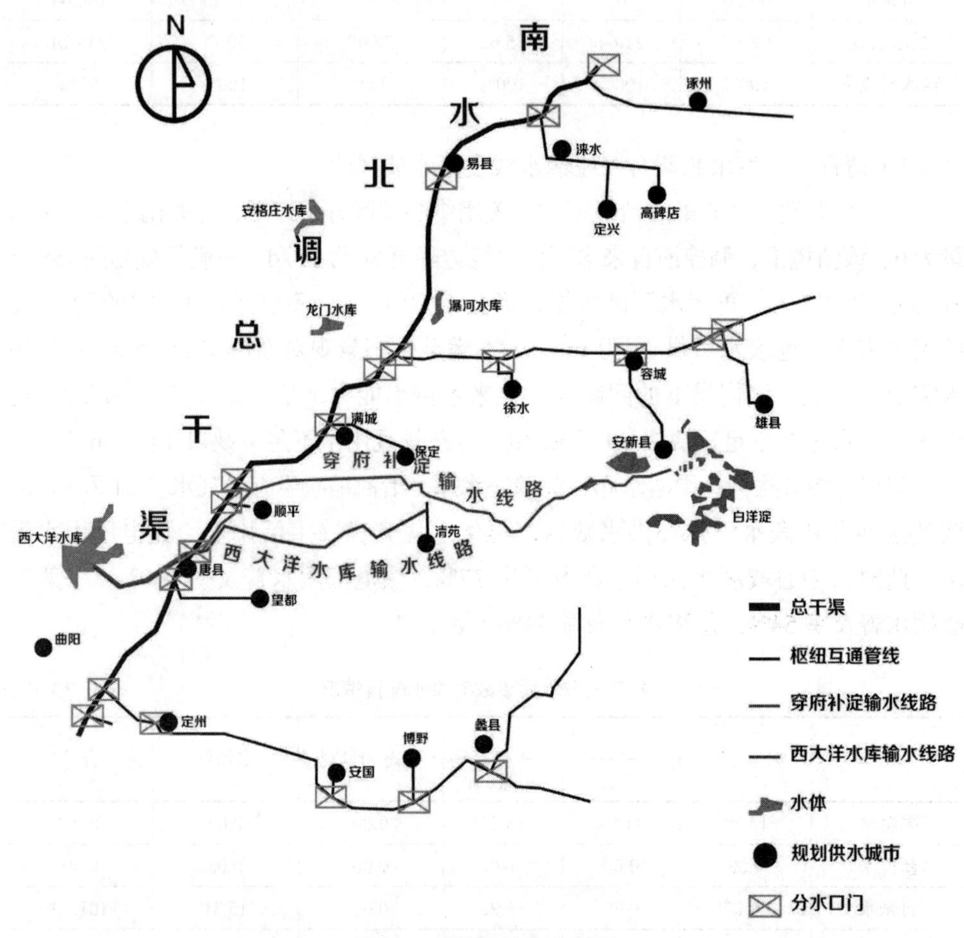


图 6-8 保定市水源布置图

地表水水源：本地水库水源和南水引江水源。目前，中心城区供水水源主要以西大洋水库为主，每年可供水量约 0.95 亿 $m^3$，水厂设计规模 26 万 $m^3/d$。远期，连通王快水库与西大洋水库，王快水库年可供水量约 1 亿 $m^3$，相当于最高日 32.8 万 $m^3/d$。合计地表水水源可达到最高日 58.8 万 $m^3/d$ 的规模。根据南水北调中线规划方案，可为保定市市区提供 86 万 $m^3/d$ 的供水规模（2030 年）。

**2. 供水厂站**

保定市城市供水格局，以地表水源为主、地下水源为辅（表 6-14）。保定市第一地表水厂，设计规模为26万 m³/ d，位于城市西南部，2000年6月投入运行；2005年最高日供水量约22万 m ³/d，平均日供水量约17万 m³/d。此外，供水公司现有地下水源井56眼，供水能力约12万 m³/d，最高日供水量约15万 m³/d。

**保定中心城区水源地** **表 6-14**

| 水源地名称 | 一亩泉 | 大车辛 | 城区 | 红旗苗圃 |
|---|---|---|---|---|
| 日均供水量（万 m³） | 10.7 | 0.5 | 0.2 | 0.6 |

根据市水资源管理办公室与市节水办数据，自备井年取水量约1100万 m³，主要为工业企业用水，部分用于供水管网未覆盖区域的居民生活用水。

### 3. 配水管网

保定城区已形成以环状管网为主体，环状与枝状相结合的供水管网系统。城市中心地带，管网敷设比较健全，基本实现全覆盖；在城市北部、南部、东部较远地带，管网敷设密度较低，管网有待加强。

### 4. 供用水量

2006年，全市用水量量合计11536万 m³；其中，工业用水量3946万 m³，生活用水量3225万 m³，自备井1234万 m³。自来水集中用水人口97万，自备井用水人口13万（表6-15）。

**保定市 1990-2007 年城市用水量统计表** **表 6-15**

| 年份 | 工业用水量（万 m³） | 工业重复利用率（%） | 生活用水量（万 m³） | 自备井取水量（万 m³） |
|---|---|---|---|---|
| 1990 | 8061 | 61.43 | 3995 | 4470 |
| 1991 | 8348 | 63 | 4532 | 4922 |
| 1992 | 8417 | 64.4 | 4837 | 4896 |
| 1993 | 7795 | 68.3 | 4996 | 4375 |
| 1994 | 7621 | 69.5 | 5294 | 4397 |
| 1995 | 7661 | 69.5 | 5541.4 | 4476.6 |
| 1996 | 7375 | 70 | 5709 | 4326 |
| 1997 | 7559 | 70.8 | 5559 | 4150 |
| 1998 | 6658.9 | 73.7 | 4991.1 | 3530 |
| 1999 | 6564 | 75.6 | 4991.4 | 3194.8 |
| 2000 | 5592.77 | 76.42 | 5319.55 | 2863.78 |
| 2001 | 4112.1 | 76.8 | 3987.4 | 2331.1 |
| 2002 | 4144.2 | 77 | 3281.6 | 1732.95 |
| 2003 | 4277.72 | 79.3 | 3098.67 | 1652 |

续表

| 年份 | 工业用水量（万 $m^3$） | 工业重复利用率（%） | 生活用水量（万 $m^3$） | 自备井取水量（万 $m^3$） |
|---|---|---|---|---|
| 2004 | 4120.61 | 79.89 | 3083.27 | 1360 |
| 2005 | 3975.5 | 80 | 3133.18 | 1250 |
| 2006 | 3764.06 | 80 | 3225.44 | 1234 |
| 2007 | 3946.75 | 80 | 3060.48 | 1110 |

### 6.2.2 既有规划方案概述

**1. 规划范围（图 6-9）**

保定市供水统筹区，包括保定中心城区、清苑县城、大王店产业园区及周边城乡接合部。2020 年，中心城区人口 205 万人、清苑人口 25 万人。

图 6-9 保定中心城区规划用地布局图

**2. 规划期限**

近期：2008-2010 年；远期：2011-2020 年。

**3. 需水量**

远期 2020 年，供水统筹区最高日用水量为 81.5 万 $m^3/d$。

**4. 供水水源**

远期2020年，以引江水源作为城市供水主水源，将一亩泉地下水源、西大洋与王快水库，作为城市辅助备用水源。

**5. 供水厂（图6-10）**

远期2020年，供水设施总规模为93.5万$m^3/d$，供水厂3座（分别为第一地表水厂、第二地表水厂和一亩泉水厂）；其中应急供水规模为12万$m^3/d$，为一亩泉水厂（表6-16）。

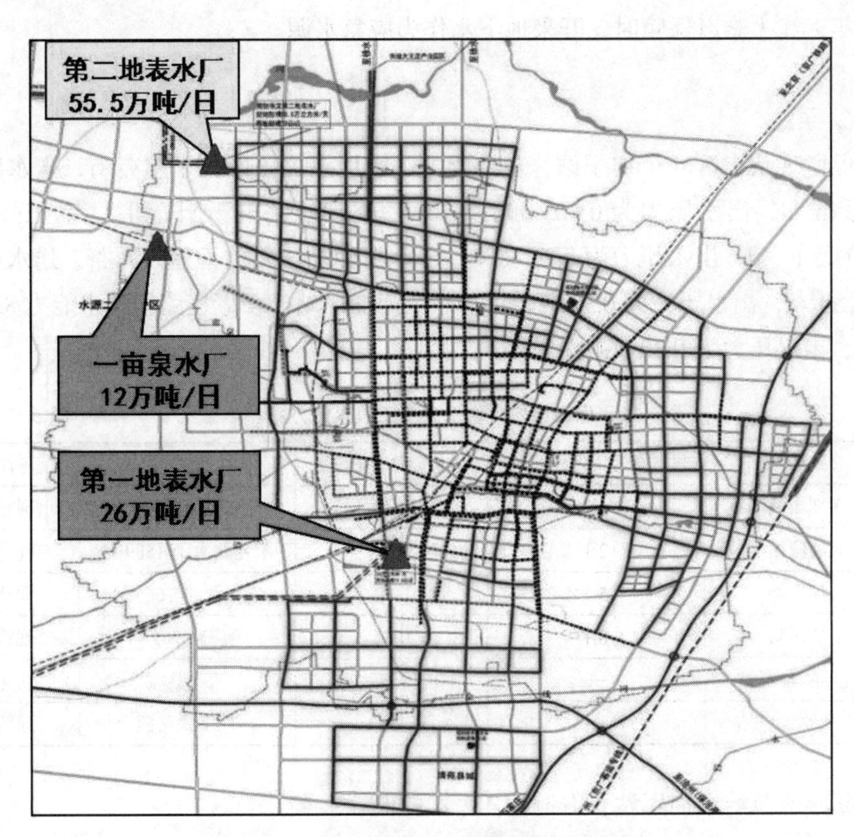


图6-10　保定市城市供水配套工程规划示意图

保定市城市供水配套工程水厂方案　　表6-16

| 水厂名称 | 供水规模（万$m^3/d$） | 水源类型 | 水源名称 | 备注 |
|---|---|---|---|---|
| 第一地表水厂 | 26 | 地表水 | 南水北调 | 改造 |
| 第二地表水厂 | 55.5 | 地表水 | 南水北调 | 新建 |
| 一亩泉水厂 | 12 | 地表水 | 一亩泉 | 应急 |

第一地表水厂，维持26万$m^3/d$规模不变，在南水北调工程运行前，仍采

用西大洋水库水源；南水北调中线贯通后，由高昌分水口，切换其水源为引江水源。引江水与水库水互为备用，保障供水安全。规划第一地表水厂供水范围为中心城区和清苑县城，在清苑县城设加压泵站。

第二地表水厂，位于市区西北的高屯村。根据城区近、远期用水需求，结合南水北调工程进度，按 30 万 $m^3/d$、25.5 万 $m^3/d$ 分两期建设，总规模为 55.5 万 $m^3/d$，此水厂作为远期城市供水的主要水源。

近期保留现有一亩泉水厂，按 12 万 $m^3/d$ 规模开采。待引江水厂投产后，原则上禁止开采地下水，根据城市供水正常运行需要，地下水源进入热备状态。遇特枯年，江水难以保障时，开采地下水作为应急水源。

**6. 泵站**

保留现状市区 4 个加压站，分别为：一水厂东加压站位于东苑街，送水能力 4.2 万 $m^3/d$，出水压力为 0.40 兆帕；一水厂北加压站位于阳光北大街，送水能力 2.1 万 $m^3/d$，出水压力为 0.34 兆帕；一水厂西加压站位于盛兴西路，送水能力 5.7 万 $m^3/d$，出水压力为 0.32 兆帕；一水厂南加压站位于康庄路，送水能力 8.1 万 $m^3/d$，出水压力为 0.32 兆帕（表 6-17）。

**保定市城市供水配套工程泵站方案** **表 6-17**

| 泵站名称 | 供水规模（万 $m^3/d$） | 供水压力（兆帕） | 位置 | 备注 |
|---|---|---|---|---|
| 东加压站 | 4.2 | 0.40 | 东苑街 59 号 | 现状 |
| 北加压站 | 2.1 | 0.34 | 阳光北大街 1589 号 | 现状 |
| 西加压站 | 5.7 | 0.32 | 盛兴西路 1665 号 | 现状 |
| 南加压站 | 8.1 | 0.32 | 康庄路 538 号 | 现状 |
| 清苑给水加压站 | — | — | 清苑县城 | 新建 |
| 北二环路加压站 | — | — | 京广铁路西 | 预留 |

新建清苑给水加压站，占地按 4 公顷控制。

预留 1 座二次供水加压站，选址位于北二环路以北、京广铁路以西，结合供水管网实际运行工况，调节北部区域管网的水量和水压。

**7. 管网**

中心城区与清苑县城、大王店园区等统一供水，管网相互连通。第二地表水厂输水干管沿北二环、北三环及乐凯大街布置，干管管径 DN1000-DN1600。新建两条 DN800 干管，沿乐凯大街和朝阳大街一直向南输水至清苑配水厂，向清苑城区供水。新建两条 DN1000 干管，沿乐凯大街一直向北输水至大王店产业园区。新建两条 DN600 管线，分别沿东风路和天威路向东部高铁客运站供水。

### 6.2.3　既有规划方案评估

采用模糊综合评价法对既有规划方案进行综合评价，保定市供水配套工程布局综合得分为7.796（表6-18）。

保定市供水配套工程布局综合评估结果　表6-18

| 专家评估结果 | | | 综合评价结果 | |
|---|---|---|---|---|
| 指标层 | 合成权重 | 评估结果 | 准则层 | 保定市 |
| 水源结构 | 0.270 | 8.4 | 水源 | 4.090 |
| 应急备用水源能力／南水调蓄能力 | 0.217 | 8.4 | | |
| 输水管线布局 | 0.135 | 7.0 | 输水 | 1.457 |
| 输水管线安全可靠性 | 0.064 | 8.0 | | |
| 现状水厂利用 | 0.056 | 8.2 | 水厂 | 1.614 |
| 南水引江水厂选址 | 0.060 | 7.0 | | |
| 水厂布局 | 0.108 | 6.8 | | |
| 管网布局 | 0.055 | 6.2 | 管网 | 0.635 |
| 现状管网利用 | 0.035 | 8.4 | | |

**1. 水源**

保定市的水源选址遵循优先利用引江水、涵养地下水的用水原则，符合南水北调受水区的水源配置要求，也符合保定市水资源禀赋状况。

备用水源供水能力占城市用水需求的比重为72%，备用水源水量充足，应急供水能力较强。

**2. 输水**

规划第二地表水厂的原水输水管线仅能输送引江水，不能切换为本地地表水；王快水库和大西洋水库的供水能力达58.8万$m^3/d$，第一地表水厂的输水管线能力为26万$m^3/d$，不能满足备用水源的供给需求。

输水管线布局未能发挥水源的最大效益。输水管线均采用双管埋地方式，路线较顺直，穿越铁路、公路等障碍物次数较少，可靠性较高。

**3. 水厂**

根据南水北调实施后的水源情况，对现状第一地表水厂做出了水源切换安排，现状水厂使用合理，也符合水源利用原则。

引江水厂选址位于南水北调来水方向，且和城市用地主要发展方向一致，地势相对较高，选址较为合理。利用现有地表水厂改造为引江水厂，解决了近期南水北调通水后的清水配送问题，有效利用了现有配水管网，且对现状供水系统影响较小。

现状建成区位于城市规划区的中部，城市主要发展方向为向南和向北两个方向，规划在北部设置 1 座第二地表水厂，远期需改造中心区部分配水干管，通过调整水厂服务范围来实现供水系统的调度运行。第二地表水厂位于城区北部，规模为 55.5 万 $m^3/d$，占到总供水规模的 70%；且城区东部缺少水厂，水厂布局均衡性较差。

**4. 管网**

管网布局考虑了南部清苑县城区域的分区运行，对北部和东部地区考虑较少，管网分区工作不够细化。

中心城区建设用地受河流、铁路、公路等分割严重，管网布局对上述障碍物考虑不足，主要管道频繁穿越上述障碍物。

近期解决了南水北调通水后的清水配送问题，有效利用了现状配水管网。远期可通过改造中心区部分配水干管，通过调整水厂服务范围来实现供水系统的正常运行。

**5. 小结**

综上，保定城市供水配套工程的水源、输水 2 个部分配套工程较合理，水厂和管网合理性较差；具体来看，输水管线布局、水厂布局、管网分区、管网结构等方面有待加强。

保定市将现状第一地表水厂改造为引江水厂，充分利用现有输配水管网，较好地解决了南水北调通水后与现有供水设施的衔接问题，可作为该类型城市的推荐模式。

### 6.2.4 布局方案优化

**1. 水源**

水源配置方案合理，不再作优化。

**2. 输水**

输水薄弱环节在于规划第二地表水厂输水管线仅能输送引江水，不能切换为本地地表水；王快水库和大西洋水库的供水能力达 58.8 万 $m^3/d$，第一地表水厂的输水管线能力为 26 万 $m^3/d$，不能满足备用水源的供给需求。因此，方案优化重点解决第二地表水厂的水源备用问题，作出如下 2 个优化方案（表 6-19）。

**输水优化方案对比表**　　**表 6-19**

| | 优势 | 劣势 |
|---|---|---|
| 方案一 | 工程量较小。输送距离短，约 5km；管线路由沿三环路敷设，工程施工条件较好 | 穿府补淀为景观补水工程，周边环境保护要求较弱，水源水质存在污染风险 |
| 方案二 | 工程量较大。输送距离长，约 25km；管线路由沿河谷地带敷设，工程施工条件较差 | 运行调度协调难度大，经总干渠转输水量，需经南水北调办公室批准与调度 |

方案一：结合穿府补淀工程，在西三环与穿府补淀工程交叉处，沿西三环建设输水干管至第二地表水厂；调度王快水库和西大洋水库的水源，满足第二地表水厂的备用水源需求（图 6-11）。

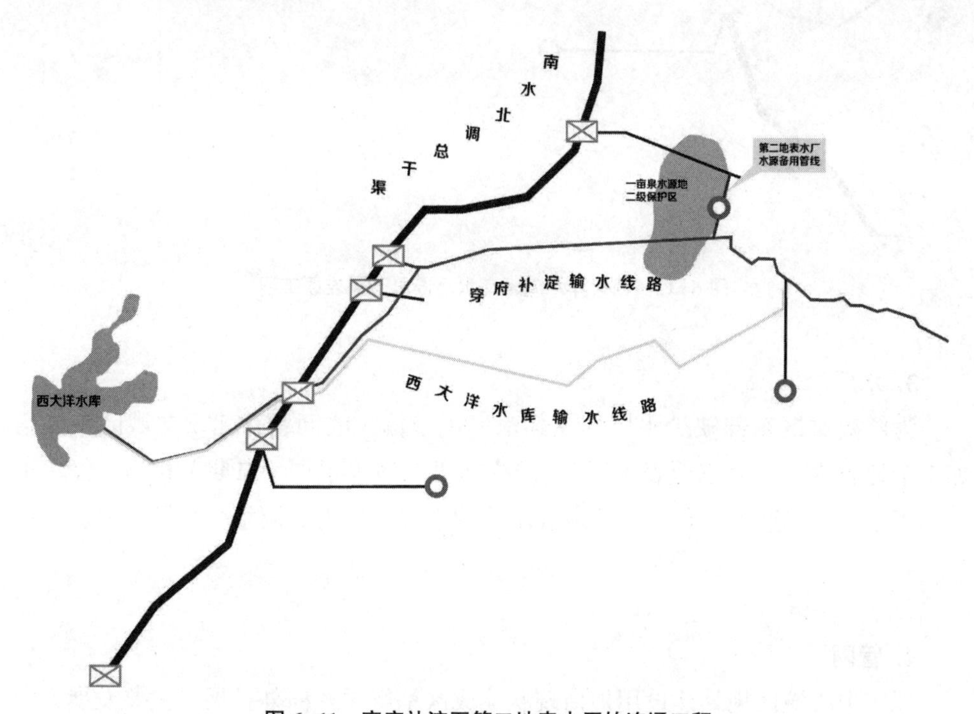


**图 6-11　穿府补淀至第二地表水厂的连通工程**

方案二：建设西大洋水库至南水北调总干渠高昌分水口的输水管线，通过西大洋水库向总干渠补水，经总干渠调度后由郑家佐口门向第二地表水厂供水；调度王快水库和西大洋水库的水源，满足第二地表水厂的备用水源需求（图 6-12）。

考虑到方案二的工程量和部门协调难度均较大，推荐采用方案一建设穿府补淀至第二地表水厂的连通工程。同时，要求在穿府补淀工程设计时综合考虑第二地表水厂的备用水量需求，加强穿府补淀工程周边环境保护，切实保障饮水安全。

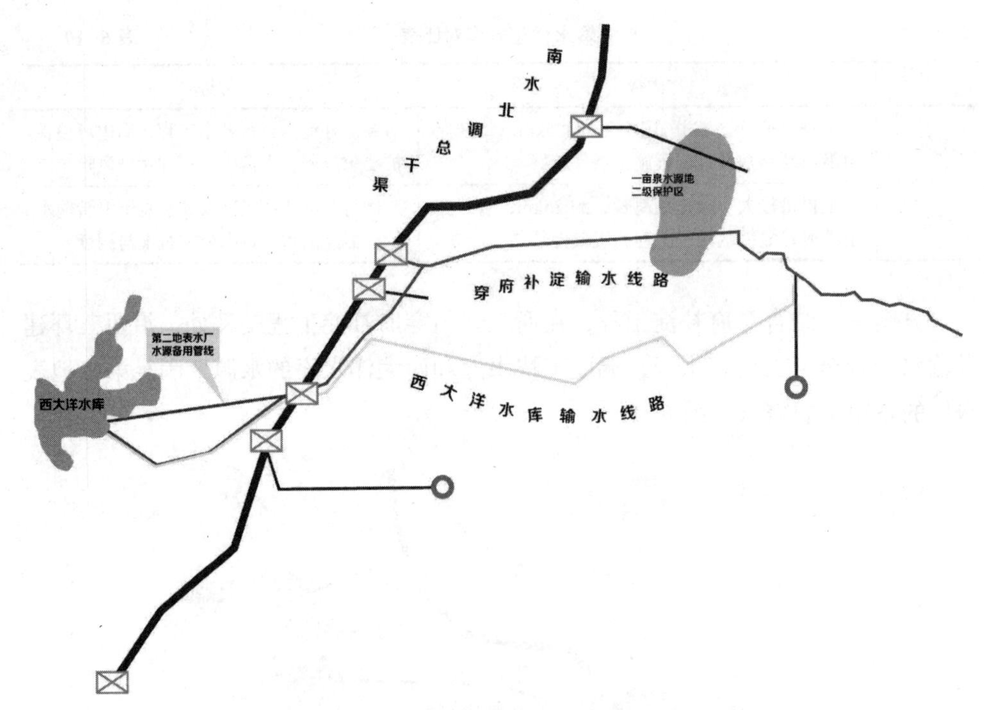


图 6-12　西大洋水库至南水北调总干渠连通工程

**3. 水厂**

为解决城区东部缺少水厂、北部水厂规模偏大的问题；建议在城区东部增加 1 个地表水厂（第三地表水厂），规模与第二地表水厂（二期）相当，停建第二地表水厂（二期）工程。第三地表水厂的水源为南水北调水，自第二地表水厂接入。

**4. 管网**

保定中心城区规划建设用地由现状建成区呈组团式向外扩展，主要发展方向为南、北、东，同时受京广铁路、保沧高速、环城河等分割。既有规划方案仅对南部清苑县城组团考虑进行分区供水，整体管网布局对城市空间形态和上述障碍物考虑不足，不利于管网的运行调度。

方案优化建议中心城区划分为 5 个管网分区，分别为城北区、城中区、城东区、城南区和清苑区，面积分别为 50km$^2$、90km$^2$、40km$^2$、20km$^2$ 和 20km$^2$（图 6-13）。

从充分利用现状管网、尽量减少规划方案对现状管网影响的角度出发，基本维持现状管网区域的完整性，划为一个配水分区，为城中区。北部地区为规划建设区，其水源为第二地表水厂，考虑城市组团上的空间关系，以环城河、京广高速为界，划为一个配水分区，为城北区。东部地区为现状建成区的蔓延发展区，现状管网已有部分延伸进来；该区域未来水源为新设第三地表水厂，因此，以三环路第二水厂配水干管为界，将其以东区域划为一个配水分区，为城东区。南部地区呈组团式发展，主要为工业用地，规划以环城河、保沧高速为界，将其划分为2个配水分区，分别为城南区和清苑区（表6-20）。

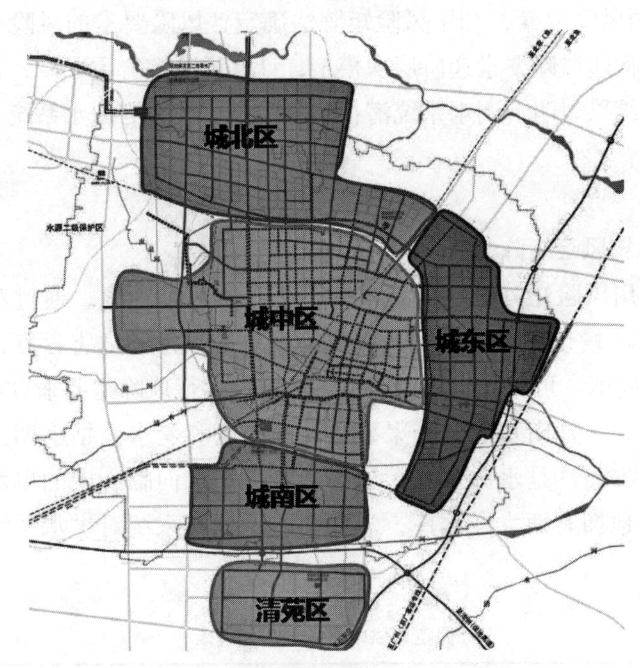


图6-13　保定市管网分区优化方案图

保定市管网分区优化方案一览表　　表6-20

| 分区名称 | 特征 | 面积 |
|---|---|---|
| 城北区 | 环城河以北、京广铁路以西，为规划建设区，以工业用地为主 | 约50平方公里 |
| 城中区 | 现状建成区，基本为环城河包围区域 | 约90平方公里 |
| 城东区 | 城市东部蔓延发展区，东三环路以东区域，用地性质比较综合，沿三环路有主干管 | 约40平方公里 |
| 城南区 | 环城河以南、保沧高速以北，呈组团状向外扩展用地，以工业用地为主 | 约20平方公里 |
| 清苑区 | 保沧高速以南清苑县城区域，受高速公路分割严重，为保定市供水统筹区 | 约20平方公里 |

**5. 小结**

优化方案建立了第二地表水厂的水源备用线路，提高了保定市供水可靠性和安全性；建议在城区东部增设1个地表水厂，均衡了水厂布局、提高了供水安全；同时，将配水管网细分为5个配水分区，有利于均衡压力、便于运营调度、降低管网漏损，促进供水系统节能减排。

### 6.2.5 供水系统安全风险评估

选择28项风险要素，利用风险矩阵法确定各风险要素的风险等级；然后利用层次分析法构建风险要素递阶层次模型，计算风险综合重要度；最后计算各子系统风险值。结果表明，调水系统潜在风险最高，其次为取水系统，输配水系统风险相对较低。

**1. 供水系统风险矩阵分析**

首先，采用风险矩阵法实现标准化分析各类风险因素，通过对风险可能性K1与严重性K2量化，描述供水系统风险发生的频率和危害程度，初步获得单风险因素的风险值。可以看出，保定市供水系统运行风险主要来自调水系统和取水系统。一方面，是南水北调干渠事故及水源区和受水区枯水期遭遇带来的水量风险；另一方面，是水源水质污染会导致保定市面临一定的单水源风险。而由于保定市当地拥有西大洋水库，从而削减了调蓄系统对供水系统带来的风险（表6-21）。

保定市供水系统风险矩阵表　　表6-21

| 目标层 | 准则层 | 指标层 | | | | |
|---|---|---|---|---|---|---|
| | | 风险因素 | 发生频率K1 | 危害程度K2 | 风险值K | 风险等级 |
| 受水区城市供水系统风险A | 调水系统B1 | 输水干渠系统C1 | 4 | 5 | 20 | Ⅳ级 |
| | | 穿黄工程C2 | 4 | 4 | 16 | Ⅳ级 |
| | | 调蓄系统C3 | 3 | 2 | 6 | Ⅱ级 |
| | | 最不利年C4 | 2 | 5 | 10 | Ⅲ级 |
| | 取水系统B2 | 单一水源D1 | 3 | 5 | 15 | Ⅳ级 |
| | | 水文条件变化D2 | 2 | 3.5 | 7 | Ⅱ级 |
| | | 单一输水管线D3 | 3 | 5 | 15 | Ⅳ级 |
| | | 单路电源D4 | 3 | 5 | 15 | Ⅳ级 |
| | | 水源水污染D5 | 1 | 4 | 4 | Ⅰ级 |
| | | 在线监测仪表D6 | 1 | 2 | 2 | Ⅰ级 |
| | | 设备老化、腐蚀D7 | 2 | 3.5 | 7 | Ⅱ级 |
| | | 人为误操作D8 | 2 | 2.75 | 5.5 | Ⅱ级 |
| | | 维护维修不到位D9 | 2 | 3.5 | 7 | Ⅱ级 |
| | | 员工培训制度D10 | 2 | 3 | 6 | Ⅱ级 |

续表

| 目标层 | 准则层 | 指标层 | | | | |
|---|---|---|---|---|---|---|
| | | 风险因素 | 发生频率 K1 | 危害程度 K2 | 风险值 K | 风险等级 |
| 受水区城市供水系统风险 A | 净水系统 B3 | 单一出厂总管 E1 | 3 | 5 | 15 | Ⅳ级 |
| | | 单路电源 E2 | 3 | 5 | 15 | Ⅳ级 |
| | | 设备老化、腐蚀 E3 | 2 | 3.5 | 7 | Ⅱ级 |
| | | 人为误操作 E4 | 2 | 2.75 | 5.5 | Ⅱ级 |
| | | 维护维修不到位 E5 | 2 | 2 | 4 | Ⅰ级 |
| | | 员工培训制度 E6 | 2 | 3 | 6 | Ⅱ级 |
| | 输水系统 B4 | 防回流装置 F1 | 2 | 3 | 6 | Ⅱ级 |
| | | 泵站配置不足 F2 | 2 | 3.25 | 6.5 | Ⅱ级 |
| | | 管网老化 F3 | 2 | 3.5 | 7 | Ⅱ级 |
| | | 设备老化、腐蚀 F4 | 2 | 2 | 4 | Ⅰ级 |
| | | 人为误操作 F5 | 2 | 2.75 | 5.5 | Ⅱ级 |
| | | 维护维修不到位 F6 | 2 | 2 | 4 | Ⅰ级 |
| | 配水系统 B5 | 二次供水设施管理 G1 | 2 | 1.75 | 3.5 | Ⅰ级 |
| | | 运行或维修时误操作 G2 | 2 | 2.75 | 5.5 | Ⅱ级 |
| | | 员工培训制度 G3 | 2 | 4 | 8 | Ⅱ级 |

**2. 保定市供水系统安全风险层次分析**

利用层次分析模型，构造风险因素的判断矩阵，通过两两比较的方式，得出各风险因素之间的相互关系，计算各风险因素的风险值；最后借助综合评价得出供水系统的综合评价向量，即受水区城市供水系统的风险级。可以看出，调水系统具有较高的风险级（表 6-22 至表 6-27）。

**保定市供水系统风险因子权重计算　　表 6-22**

| 判断矩阵 A-B | | | | | | |
|---|---|---|---|---|---|---|
| A | B1 | B2 | B3 | B4 | B5 | WA |
| B1 | 1 | 5 | 5 | 2 | 2 | 0.408 |
| B2 | 1/5 | 1 | 1 | 1 | 2 | 0.150 |
| B3 | 1/5 | 1 | 1 | 1 | 3 | 0.172 |
| B4 | 1/2 | 1 | 1 | 1 | 1 | 0.152 |
| B5 | 1/2 | 1/2 | 1/3 | 1 | 1 | 0.120 |
| 一致性指标 CI = 0.00025 < 0.1 | | | | | | |

**调水系统风险要素权重计算** **表 6-23**

判断矩阵 B1-C

| B1 | C1 | C2 | C3 | C4 | WB1 |
|---|---|---|---|---|---|
| C1 | 1 | 5 | 2 | 3 | 0.519 |
| C2 | 1/5 | 1 | 1 | 2 | 0.144 |
| C3 | 1/2 | 1 | 1 | 1 | 0.193 |
| C4 | 1/3 | 1/2 | 1 | 1 | 0.144 |

CI = 0.00005 < 0.1

**取水系统风险要素权重计算** **表 6-24**

判断矩阵 B2-D

| B2 | D1 | D2 | D3 | D4 | D5 | D6 | D7 | D8 | D9 | D10 | WB2 |
|---|---|---|---|---|---|---|---|---|---|---|---|
| D1 | 1 | 3 | 1 | 1 | 4 | 6 | 3 | 4 | 4 | 3 | 0.219 |
| D2 | 1/3 | 1 | 1/3 | 1/3 | 3 | 3 | 1 | 2 | 2 | 1/2 | 0.071 |
| D3 | 1 | 3 | 1 | 1 | 4 | 6 | 3 | 4 | 4 | 3 | 0.183 |
| D4 | 1 | 3 | 1 | 1 | 4 | 6 | 3 | 4 | 4 | 3 | 0.183 |
| D5 | 1/4 | 1/3 | 1/4 | 1/4 | 1 | 3 | 1/3 | 1/2 | 1 | 1/4 | 0.037 |
| D6 | 1/6 | 1/3 | 1/6 | 1/6 | 1/3 | 1 | 1/4 | 1/3 | 1/3 | 1/4 | 0.021 |
| D7 | 1 | 1 | 1/3 | 1/3 | 3 | 4 | 1 | 3 | 4 | 1/2 | 0.095 |
| D8 | 1/4 | 1/2 | 1/4 | 1/4 | 2 | 3 | 1/3 | 1 | 2 | 1/3 | 0.048 |
| D9 | 1/4 | 1/2 | 1/4 | 1/4 | 1 | 3 | 1/4 | 1/2 | 1 | 1/4 | 0.037 |
| D10 | 1/3 | 2 | 1/3 | 1/3 | 4 | 4 | 2 | 3 | 4 | 1 | 0.104 |

CI = 0.07376 < 0.1

**净水系统风险要素权重计算** **表 6-25**

判断矩阵 B3-E

| B3 | E1 | E2 | E3 | E4 | E5 | E6 | WB3 |
|---|---|---|---|---|---|---|---|
| E1 | 1 | 1 | 3 | 4 | 4 | 2 | 0.296 |
| E2 | 1 | 1 | 3 | 4 | 4 | 2 | 0.296 |
| E3 | 1/3 | 1/3 | 1 | 2 | 2 | 1 | 0.121 |
| E4 | 1/4 | 1/4 | 1/2 | 1 | 1 | 1/2 | 0.069 |
| E5 | 1/4 | 1/4 | 1/2 | 1 | 1 | 1/4 | 0.062 |

续表

| 判断矩阵 B3-E | | | | | | | |
|---|---|---|---|---|---|---|---|
| B3 | E1 | E2 | E3 | E4 | E5 | E6 | WB3 |
| E6 | 1/2 | 1/2 | 1 | 2 | 4 | 1 | 0.155 |
| CI = 0.0493 < 0.1 | | | | | | | |

配水系统风险要素权重计算 **表 6-26**

| 判断矩阵 B4-F | | | | |
|---|---|---|---|---|
| B4 | F1 | F2 | F3 | WB4 |
| F1 | 1 | 1/2 | 1/4 | 0.069 |
| F2 | 2 | 1 | 1/3 | 0.155 |
| F3 | 4 | 3 | 1 | 0.328 |
| CI = 0.0176 < 0.1 | | | | |

保定系统风险综合评价结果 **表 6-27**

| 目标层 | 准则层 | 指标层 | | | | | 综合风险值 |
|---|---|---|---|---|---|---|---|
| | | 风险因素 | 发生频率 K1 | 危害程度 K2 | 风险值 K | 风险等级 | |
| 受水区城市供水系统风险 A | 调水系统 B1 | 输水干渠系统 C1 | 4 | 5 | 20 | Ⅳ级 | 12.92 |
| | | 穿黄工程检修 C2 | 4 | 4 | 16 | Ⅳ级 | |
| | | 调蓄系统 C3 | 3 | 2 | 6 | Ⅱ级 | |
| | | 最不利年 C4 | 2 | 5 | 10 | Ⅲ级 | |
| | 取水系统 B2 | 单一水源 D1 | 3 | 5 | 15 | Ⅳ级 | 11.29 |
| | | 水文条件变化 D2 | 2 | 3.5 | 7 | Ⅱ级 | |
| | | 单一输水管线 D3 | 3 | 5 | 15 | Ⅳ级 | |
| | | 单路电源 D4 | 3 | 5 | 15 | Ⅳ级 | |
| | | 水源水污染 D5 | 1 | 4 | 4 | Ⅰ级 | |
| | | 在线监测仪表 D6 | 1 | 2 | 2 | Ⅰ级 | |
| | | 设备老化、腐蚀 D7 | 2 | 3.5 | 7 | Ⅱ级 | |
| | | 人为误操作 D8 | 2 | 2.75 | 5.5 | Ⅱ级 | |
| | | 维护维修不到位 D9 | 2 | 3.5 | 7 | Ⅱ级 | |
| | | 员工培训制度 D10 | 2 | 3 | 6 | Ⅱ级 | |
| | 净水系统 B3 | 单一出厂总管 E1 | 3 | 5 | 15 | Ⅳ级 | 11.3 |
| | | 单路电源 E2 | 3 | 5 | 15 | Ⅳ级 | |
| | | 设备老化、腐蚀 E3 | 2 | 3.5 | 7 | Ⅱ级 | |

续表

| 目标层 | 准则层 | 指标层 | | | | | 综合风险值 |
|---|---|---|---|---|---|---|---|
| | | 风险因素 | 发生频率 K1 | 危害程度 K2 | 风险值 K | 风险等级 | |
| 受水区城市供水系统风险 A | 净水系统 B3 | 人为误操作 E4 | 2 | 2.75 | 5.5 | Ⅱ级 | 11.3 |
| | | 维护维修不到位 E5 | 2 | 2 | 4 | Ⅰ级 | |
| | | 员工培训制度 E6 | 2 | 3 | 6 | Ⅱ级 | |
| | 输水系统 B4 | 防回流装置 F1 | 2 | 3 | 6 | Ⅱ级 | 4.25 |
| | | 泵站配置不足 F2 | 2 | 3.25 | 6.5 | Ⅱ级 | |
| | | 管网老化 F3 | 2 | 3.5 | 7 | Ⅱ级 | |
| | | 设备老化、腐蚀 F4 | 2 | 2 | 4 | Ⅰ级 | |
| | | 人为误操作 F5 | 2 | 2.75 | 5.5 | Ⅱ级 | |
| | | 维护维修不到位 F6 | 2 | 2 | 4 | Ⅰ级 | |
| | 配水系统 B5 | 二次供水设施管理 G1 | 2 | 1.75 | 3.5 | Ⅰ级 | 6.79 |
| | | 运行或维修时误操作 G2 | 2 | 2.75 | 5.5 | Ⅱ级 | |
| | | 员工培训制度 G3 | 2 | 4 | 8 | Ⅱ级 | |

### 6.2.6 供水系统安全调控方案

基于上述风险评估结果，规划根据假设的三种极端情景模式提出保定市供水系统安全调控方案。

**1. 情景一：水源区和受水区枯水年遭遇**

根据河北省南水北调配套工程规划，南水北调工程90%供水保证率条件下，保定市分水量为多年平均条件下南水北调工程分水量的72%。因此，情景一：南水北调来水量为90%供水保证率，向保定市中心城区供水量为62万 $m^3$/d（图6–14）。

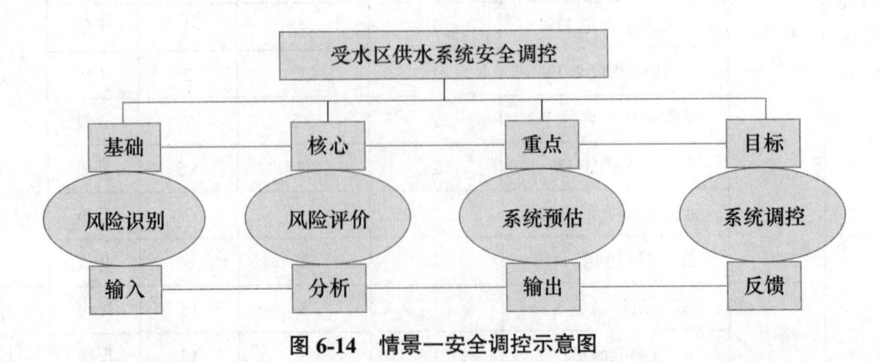


**图 6-14 情景一安全调控示意图**

安全调控策略：关闭高昌口门，由郑家佐口门向第二地表水厂供水，西大洋水库备用水源向第一地表水厂供水（表 6-28）。

**情景一调控策略**　　**表 6-28**

| 水厂名称 | 水源 | | 供水规模（万 $m^3/d$） | | 情景一 | |
|---|---|---|---|---|---|---|
| | 现状 | 规划 | 现状 | 规划 | 调控前 | 调控后 |
| 一亩泉水厂 | 地下水 | 地下水 | 12 | 热备 | 0 | 0 |
| 第一地表水厂 | 西大洋水库 | 引江水 | 26 | 26 | 18.72 | 21.5 |
| 第二地表水厂 | 王快水库 | 引江水 | | 60 | 43.2 | 60 |
| 合计 | | | — | 86 | 61.94 | 81.5 |

**2. 情景二：南水北调主干渠穿黄工程检修**

根据设计，穿黄工程隧洞每年有 15-30 天检修期，每 3-5 年安排 30-60 天大修；半年左右放空隧洞的水检查一次。情景二假设极端情况下，南水北调来水量为设计来水量的 40%，即来水量为 34.4 万 $m^3/d$。

调控策略：关闭高昌口门，由郑家佐口门向第二地表水厂供水，建设西大洋水库至第二地表水厂输水管线，保证第二地表水厂供水规模，西大洋水库备用水源向第一地表水厂供水（图 6-15）。

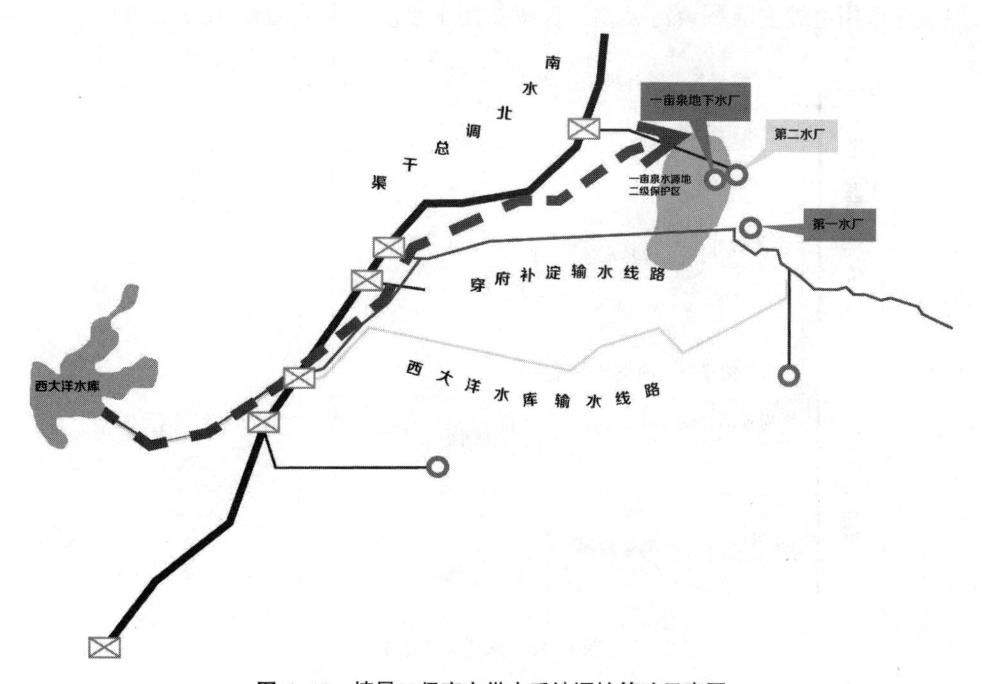


**图 6-15　情景二保定市供水系统调控策略示意图**

调控方式：地下水厂采用间歇式补偿供水模式；每月向供水管网补偿供水一次；供水时段为供水低峰期，供水量为 1000 $m^3/h$（表 6-29）。

**情景二现状及规划供水方案**　　**表 6-29**

| 水厂 | 水源 | | 供水规模（万 $m^3/d$） | | 情景二 | |
|---|---|---|---|---|---|---|
| | 现状 | 规划 | 现状 | 规划 | 调控前 | 调控后 |
| 一亩泉 | 地下水 | 地下水 | 12 | 热备 | 0 | 0 |
| 第一地表水厂 | 西大洋水库 | 引江水 | 26 | 26 | 10.4 | 26 |
| 第二地表水厂 | 王快水库 | 引江水 | | 60 | 24 | 55.5 |
| 合计 | | | — | 86 | 34.4 | 81.5 |

### 3. 情景三：南水北调工程保定市输水干渠发生水质风险

情景三假设南水北调保定市输水干渠发生水质风险，来水量为 0。

调控策略：

水质方面：采用应急处理工艺

针对油类和有机污染，在分水口后投加粉末活性炭（PAC），利用水源至净水厂的输送距离，在输水管道中完成吸附过程，即把应对突发污染的安全屏障前移；在粉末活性炭有效吸附（油类或有机）污染物前提下，利用高锰酸盐复合药剂氧化作用继续去除剩余污染物，保障饮用水水质安全（图 6-16）。

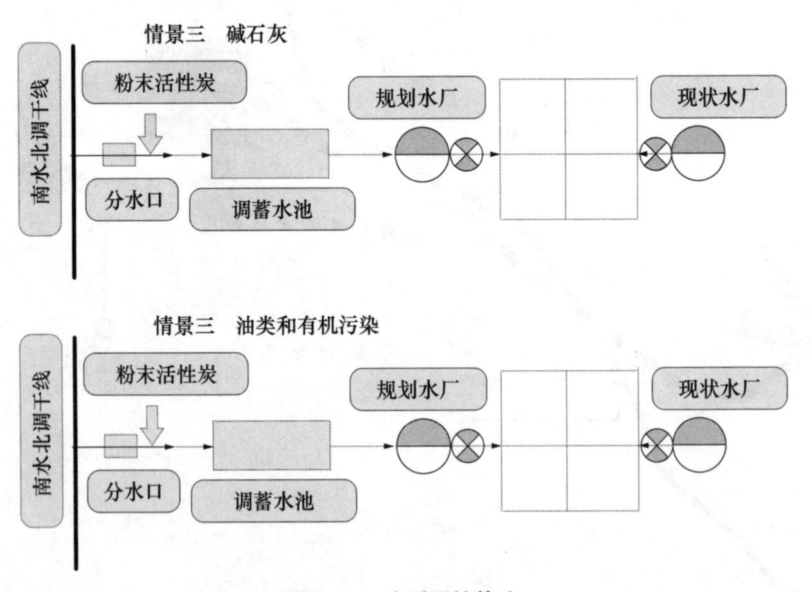


**图 6-16　水质调控策略**

针对硫酸类污染物，同样可将安全屏障前移，在分水口处投加碱（石灰），利用碱（石灰）进行中和反应，使其形成微溶于水的硫酸钙沉淀，同时起到酸碱中和的目的；并在滤池出水处设置酸碱调节设备，保障供水水质的 pH 要求。

水量方面：启动一亩泉地下水厂，由西大洋水库向第一地表水厂和第二地表水厂输水，保障水厂正常运行（表 6−30）。

**情景三调控策略**　　**表 6−30**

| 水厂名称 | 水源 | | 供水规模（万 $m^3/d$） | | 情景三 | |
|---|---|---|---|---|---|---|
| | 现状 | 规划 | 现状 | 规划 | 调控前 | 调控后 |
| 一亩泉 | 地下水 | 地下水 | 12 | 热备 | 0 | 12 |
| 第一地表水厂 | 西大洋水库 | 引江水 | 26 | 26 | 0 | 26 |
| 第二地表水厂 | 王快水库 | 引江水 | | 60 | 0 | 43.5 |
| 合计 | | | — | 86 | 0 | 81.5 |

# 6.3　衡水市

## 6.3.1　城市供水现状

### 1. 城市水源

衡水市中心城区供水水源为深层地下水，有白庙、育北、列电、华西、大庙、问津和西湖 7 座水源地。此外，市区有部分自备水源井。

### 2. 供水厂站

衡水市中心城区共有供水厂 6 座，为南门外水厂、问津水厂、红旗水厂、新华水厂、问津水厂和滏阳水厂，总规模 9.7 万 $m^3/d$。其中滏阳水厂原为地表水厂，后改用西湖地下水源。衡水市中心城区现状水厂如表 6−31 所示。

衡水开发区现有 1 座水厂，规模 0.6 万 $m^3/d$。

**中心城区水厂现状一览表**　　**表 6−31**

| 水厂名称 | | 供水能力（万 $m^3/d$） | 水源井眼数 | 备注 |
|---|---|---|---|---|
| 南门外水厂 | | 0.6 | 4 | |
| 问津水厂 | | 0.3 | 2 | 备用 |
| 红旗水厂 | | 0.6 | 4 | 备用 |
| 新华水厂 | 水厂院 | 0.45 | 3 | 备用 |
| | 人民水源点 | 0.65 | 4 | |
| | 华西水源点 | 0.6 | 4 | |
| | 育才水源点 | 0.3 | 2 | |

续表

| 水厂名称 | | 供水能力（万 $m^3/d$） | 水源井眼数 | 备注 |
|---|---|---|---|---|
| 大庆水厂 | 水厂院 | 0.96 | 5 | |
| | 前进水源点 | 0.62 | 4 | |
| | 育北水源点 | 0.62 | 4 | |
| 滏阳水厂 | | 4 | 27 | |
| 合计 | | 9.7 | 63 | |

**3. 配水管网**

衡水市城市供水干管总长约 105km，配水管网覆盖面积约 $37km^2$。供水管道材质以铸铁管为主，少量为钢管、水泥管、给水 PE 管等。中心区域为环状管网，边缘区域为枝状管网。

**4. 供用水量**

衡水市中心城区 2014 年供水总量为 2635 万 $m^3$，其中，公共供水量 2463 万 $m^3$、自建设施供水量 172 万 $m^3$。按用水类别计，生产运营用水 661 万 $m^3$，公共服务用水 138 万 $m^3$，居民家庭用水 1184 万 $m^3$，其他用水 119 万 $m^3$，漏损水量 532 万 $m^3$（图 6-17，图 6-18）。

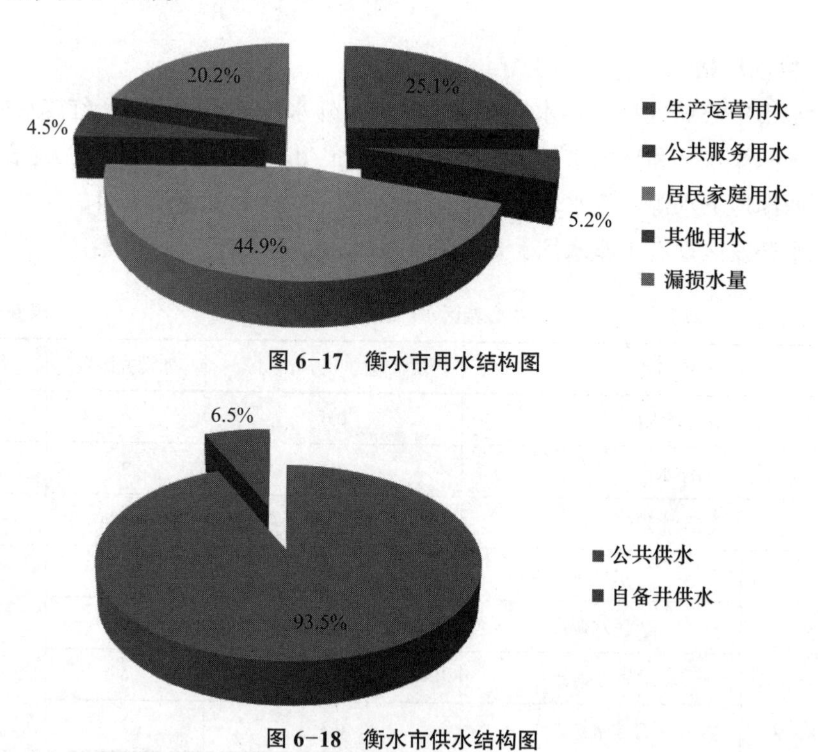


**图 6-17　衡水市用水结构图**

**图 6-18　衡水市供水结构图**

## 6.3.2　既有方案概述

**1. 规划范围**

衡水市中心城区供水范围包括主城区、工业新区和滨湖新区；2020 年建设用地 80km$^2$，规划人口 80 万人；2030 年建设用地 120km$^2$，规划人口 120 万人（图 6-19）。

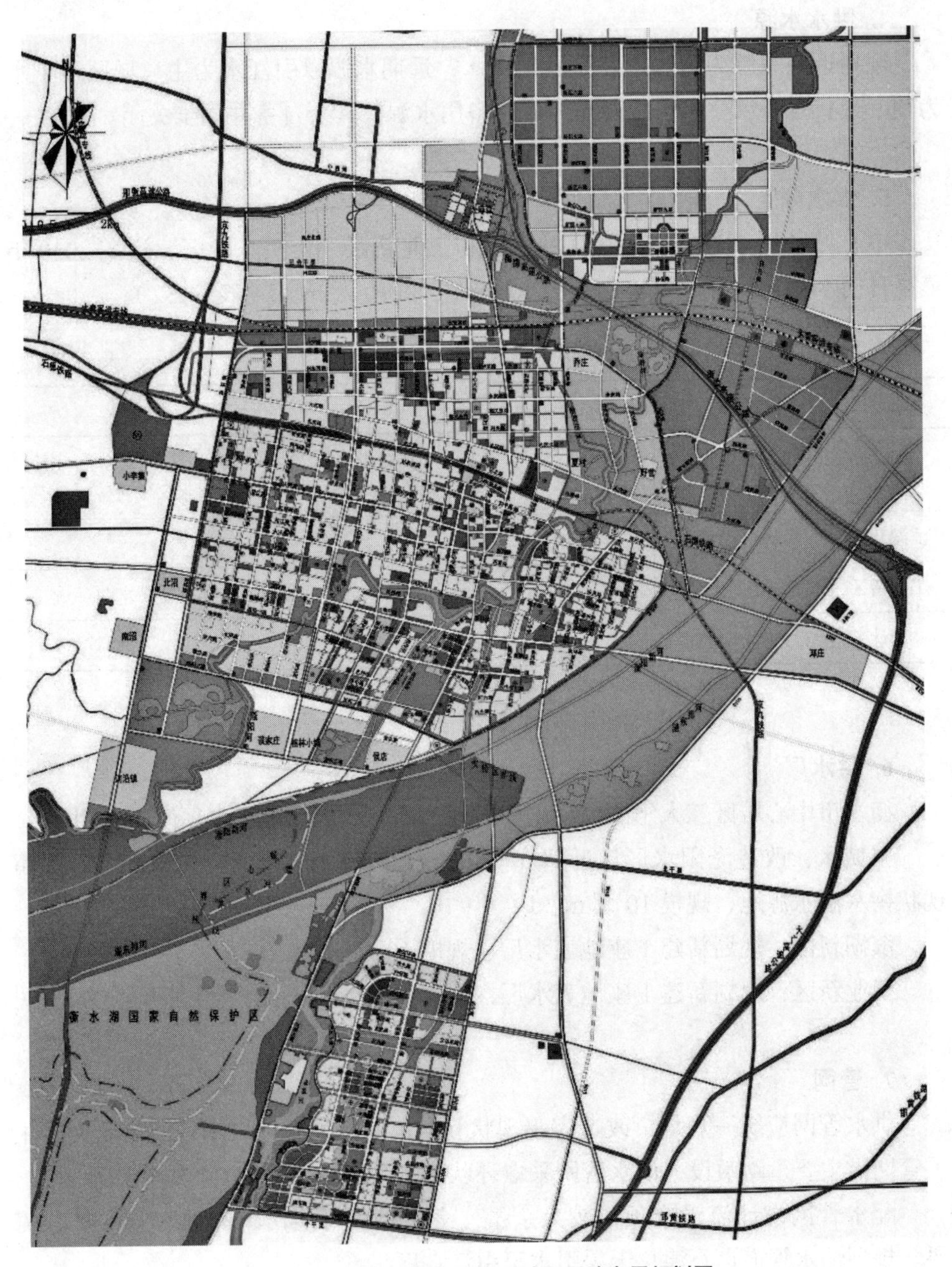


图 6-19　2030 年衡水市中心城区用地布局规划图

**2. 规划期限**

规划年限为2015－2030年，其中近期2015－2020年，远期2021－2030年。

**3. 需水量**

规划近期2020年需水量24万$m^3/d$，2030年需水量48万$m^3/d$。

**4. 供水水源**

规划近期水源为引江水和城区地下水；远期水源以引江水为主、城区地下水为辅。现状自来水公司水源井作为应急备用水源，其余自备井逐步关闭。

**5. 供水分区**

中心城区划分为主城区、滨湖新区和工业新区三个供水分区，远期2030年最高日用水量分别为30万$m^3/d$、10万$m^3/d$和10万$m^3/d$（表6-32）。

**规划水厂一览表（单位：万$m^3/d$）** **表6-32**

| 供水分区 | 地表水厂 | 供水规模（万$m^3/d$） | 备注 |
|---|---|---|---|
| 主城区 | 滏阳地表水厂 | 30 | 现状新华水厂、大庆水厂、开发区水厂、南门口水厂和问津水厂5个地下水水厂作为备用水厂 |
| 滨湖新区 | 滨湖地表水厂 | 10 | |
| 工业新区 | 工业新区地表水厂 | 10 | 现状北区水厂（地下水）作为备用水源 |
| 合计 | | 50 | |

**6. 供水厂**

衡水市中心城区三大组团，分别建设地表水厂，现状地下水厂改为备用。

主城区：改造滏阳水厂，近期规模20万$m^3/d$、远期规模30万$m^3/d$；保留现状衡水湖水源地，规模10万$m^3/d$。

滨湖新区：规划新建1座地表水厂，规模10万$m^3/d$。

工业新区：规划新建1座地表水厂，规模10万$m^3/d$；现状供水厂改为备用。

**7. 管网**

供水管网应统一规划，改造完善现状管网，重点配套地表水厂配水管网，主干管网沿主要道路敷设，供水管网采取环状供水系统（图6-20）。

配水管网设计流量应预留较大余量，满足将来可能出现的地表水厂扩容需要。规划输水管道自石津总干渠引水至引江水厂。

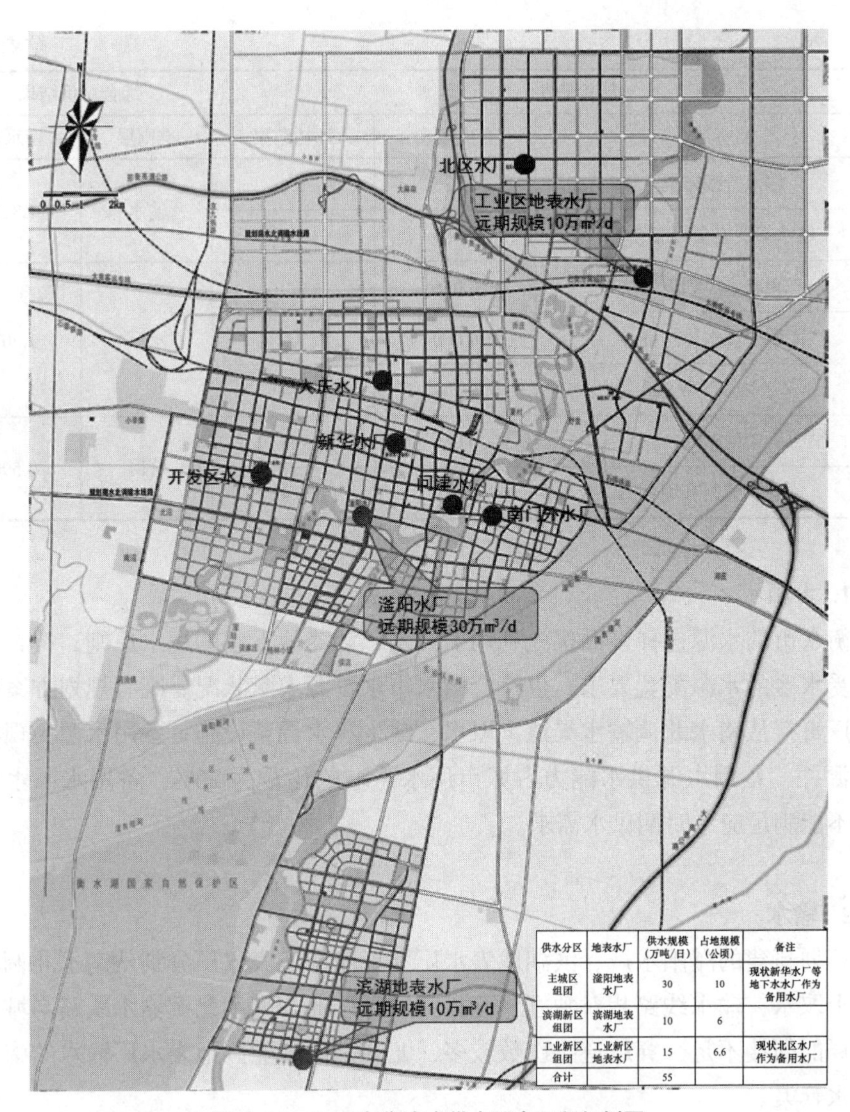


| 供水分区 | 地表水厂 | 供水规模（万吨/日） | 占地规模（公顷） | 备注 |
|---|---|---|---|---|
| 主城区组团 | 滏阳地表水厂 | 30 | 10 | 现状新华水厂等地下水水厂作为备用水厂 |
| 滨湖新区组团 | 滨湖地表水厂 | 10 | 6 | |
| 工业新区组团 | 工业新区地表水厂 | 15 | 6.6 | 现状北区水厂作为备用水厂 |
| 合计 | | 55 | | |

**图 6-20　2020 年衡水市供水配套工程规划图**

### 6.3.3　既有方案评估

采用模糊综合评价法对既有方案进行综合评价，衡水市供水配套工程布局综合得分为 5.970（表 6-33）。

**衡水市供水配套工程布局综合评估结果**　　**表 6-33**

| 专家评估结果 | | | 综合评价结果 | |
|---|---|---|---|---|
| 指标层 | 合成权重 | 评估结果 | 准则层 | 衡水市 |
| 水源结构 | 0.270 | 5.4 | 水源 | 2.543 |
| 应急备用水源能力 / 南水调蓄能力 | 0.217 | 5.0 | | |

续表

| 专家评估结果 | | | 综合评价结果 | |
| --- | --- | --- | --- | --- |
| 指标层 | 合成权重 | 评估结果 | 准则层 | 衡水市 |
| 输水管线布局 | 0.135 | 6.6 | 输水 | 1.326 |
| 输水管线安全可靠性 | 0.064 | 6.8 | | |
| 现状水厂利用 | 0.056 | 7.0 | 水厂 | 1.503 |
| 南水引江水厂选址 | 0.060 | 7.0 | | |
| 水厂布局 | 0.108 | 6.4 | | |
| 管网布局 | 0.055 | 6.8 | 管网 | 0.598 |
| 现状管网利用 | 0.035 | 6.4 | | |

**1. 水源**

衡水市的水源选择遵循优先利用引江水、涵养地下水的用水原则，符合南水北调受水区的水源配置要求，也符合衡水市水资源禀赋状况。既有规划方案中引江水厂直接从南水北调输水渠道上取水，缺少源水调蓄设施；备用水源为现状地下水源井，备用水源供水能力占城市用水需求的比重为20%，备用水源水量偏少，不能满足应急时期供水需求。

**2. 输水**

规划新建的滏阳水厂、滨湖地表水厂和工业区地表水厂分别从南水北调输水渠道上取水，输水线路相对独立、互相间缺少连通。南水北调输水线路与城市用地布局的衔接不足，穿越道路次数较多，尤其是向工业区地表水厂输水的南水北调输水管渠。

**3. 水厂**

水厂布局充分考虑城市布局形态，在三大组团分别建设地表水厂，供水系统布局较优、运行调度能力较强。根据南水北调实施后的水源情况，对现状滏阳水厂做出了水源切换安排，现状水厂使用合理，也符合水源利用原则。

**4. 管网**

中心城区建设用地受河流、铁路、公路等分割严重，管网布局对上述障碍物考虑不足，管网频繁穿越上述障碍物。近期解决了南水北调通水后的净水配送问题，有效利用了现状配水管网。远期可通过改造中心区部分配水干管，通过调整水厂服务范围来实现供水系统的正常运行。

### 6.3.4 规划方案优化

**1. 水源**

水源配置方案合理，不再作优化。

**2. 输水**

方案优化重点解决水厂的水源备用问题，建议做如下优化。

一是，加强输水管线连通性，沿大广高速建设输水管线，连通工业区地表水厂、滏阳水厂和滨湖地表水厂，建成源水输水环线，互为备用，提高输水环节可靠性。二是，建设微山湖水源地，新建微山湖水源地至输水环线的连通管线，实现所有地表水厂双水源供水，提高水源可靠性（图 6-21）。

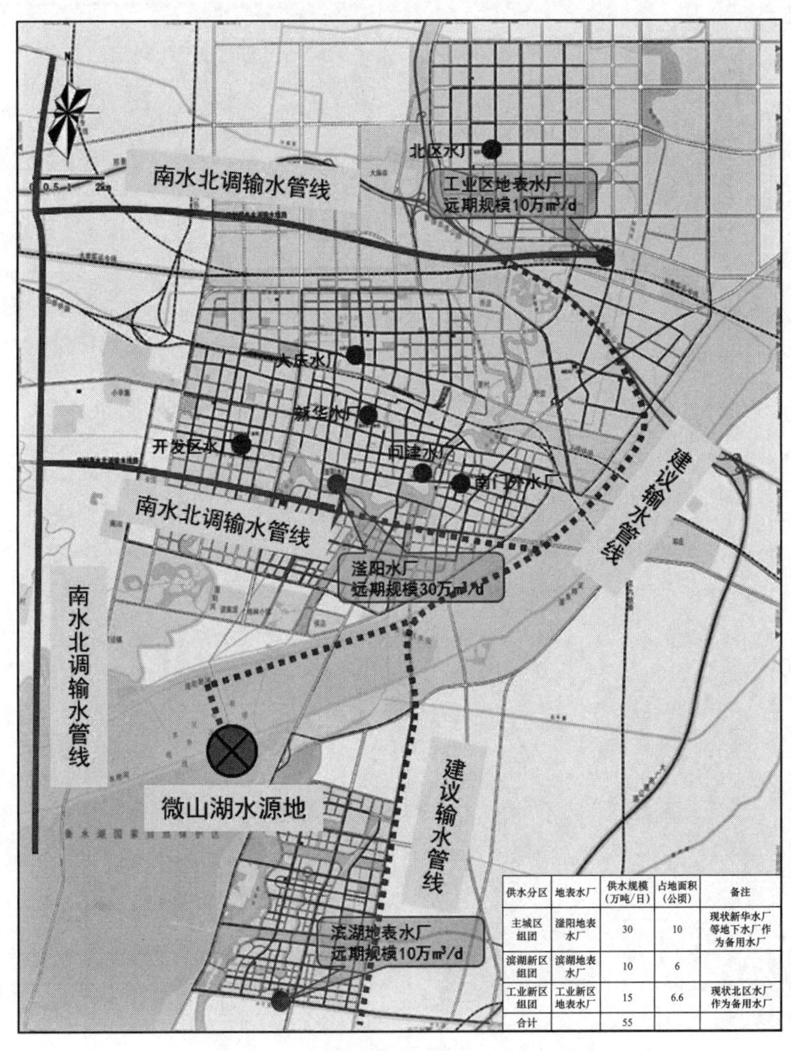


| 供水分区 | 地表水厂 | 供水规模（万吨/日） | 占地面积（公顷） | 备注 |
|---|---|---|---|---|
| 主城区组团 | 滏阳地表水厂 | 30 | 10 | 现状新华水厂等地下水厂作为备用水厂 |
| 滨湖新区组团 | 滨湖地表水厂 | 10 | 6 | |
| 工业新区组团 | 工业新区地表水厂 | 15 | 6.6 | 现状北区水厂作为备用水厂 |
| 合计 | | 55 | | |

图 6-21 衡水市输水管线优化建议方案

**3. 水厂**

水厂配置方案合理，不再作优化。

**4. 管网**

既有规划方案仅北部工业区考虑进行分区供水，整体管网布局对城市空间形态和障碍物考虑不足，不利于管网的运行调度。衡水中心城区包括主城区、工业新区和滨湖新区三个组团，建议划分为6个管网分区；其中主城区为3个管网分区，工业新区为2个管网分区，滨湖新区为1个管网分区。同时，建议将主城区组团和工业新区组团的配水主干管相连通（图6-22，表6-34）。

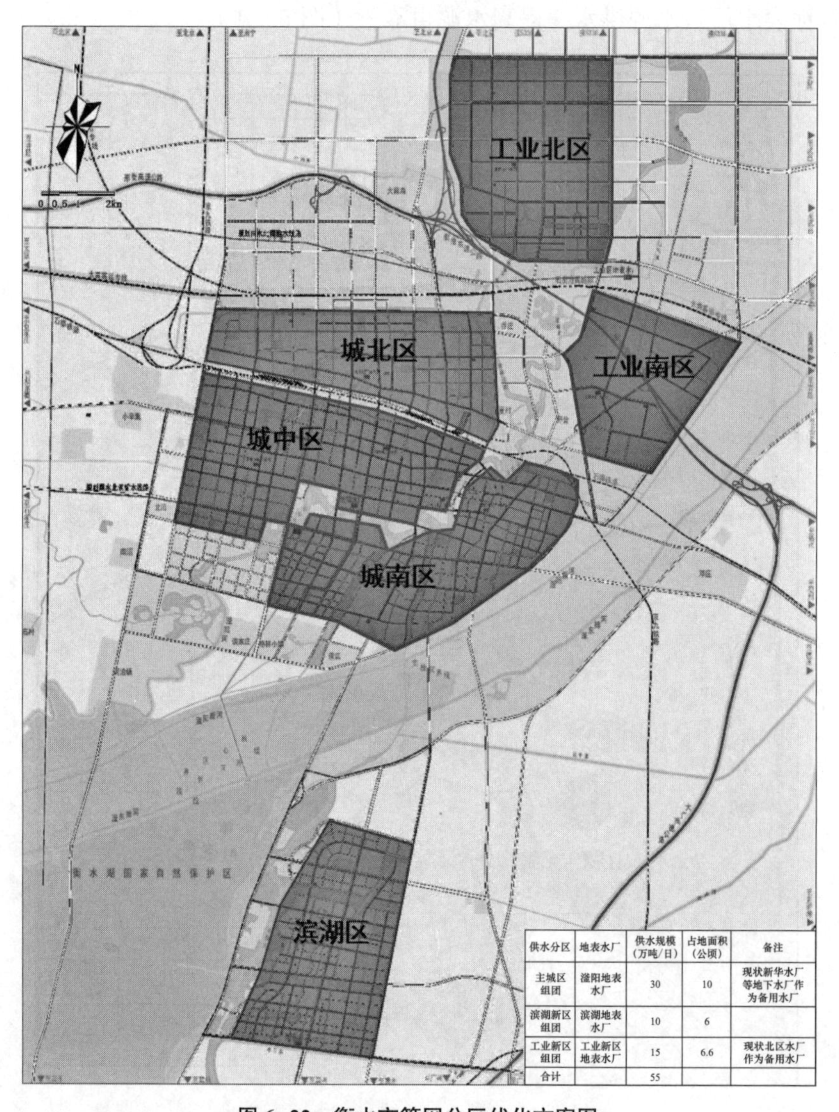


| 供水分区 | 地表水厂 | 供水规模（万吨/日） | 占地面积（公顷） | 备注 |
|---|---|---|---|---|
| 主城区组团 | 滏阳地表水厂 | 30 | 10 | 现状新华水厂等地下水厂作为备用水厂 |
| 滨湖新区组团 | 滨湖地表水厂 | 10 | 6 | |
| 工业新区组团 | 工业新区地表水厂 | 15 | 6.6 | 现状北区水厂作为备用水厂 |
| 合计 | | 55 | | |

图6-22 衡水市管网分区优化方案图

衡水市管网分区优化方案一览表 表 6-34

| 分区名称 | 特征 | 面积 |
|---|---|---|
| 城北区 | 石德铁路以北、太青客运专线以南，为在建区，以居住用地为主 | 约 25 平方公里 |
| 城中区 | 石德铁路以南、滏阳河以北，为现状建成区，以居住和商业用地为主 | 约 30 平方公里 |
| 城南区 | 滏阳河以南、滏阳新河以北，为在建区，以居住和文教用地为主 | 约 30 平方公里 |
| 工业北区 | 衡德高速以东、太青客运专线以北，为在建区，以工业和居住用地为主 | 约 15 平方公里 |
| 工业南区 | 衡德高速以东、石德铁路以北，为规划建设区，以工业用地为主 | 约 10 平方公里 |
| 滨湖区 | 衡水湖以东、滏东排河以南，为规划建设区，以居住和文教用地为主 | 约 10 平方公里 |

#### 5. 小结

优化方案建立了水源输水管线，实现所有地表水厂双水源供水，提高了衡水市供水可靠性和安全性；同时，将配水管网细分为 6 个配水分区，有利于均衡压力、便于运营调度、降低管网漏损，促进了供水系统节能减排。

### 6.3.5 供水系统安全风险评估

选择 22 项风险要素，利用风险矩阵法确定各风险要素的风险等级，同时利用层次分析法构建风险要素递阶层次模型，计算风险综合重要度；最后计算各子系统风险值。结果表明，衡水市调水系统潜在风险最高，其次为取水系统和净水系统，输配水系统分析相对较低。

#### 1. 衡水市供水系统风险矩阵分析

首先采用风险矩阵法实现标准化分析各类风险因素，通过对风险可能性 K1 与严重性 K2 量化，描述供水系统风险发生的频率和危害程度，初步获得单风险因素的风险值。可以看出，衡水市供水系统运行风险主要来自调水系统和取水系统。一方面，是南水北调干渠事故及水源区和受水区枯水期遭遇带来的水量风险；另一方面，是水源水质污染导致衡水市面临一定的单水源风险。由于衡水市当地水资源匮乏，地下水严重超采，调蓄系统的缺失进一步增加了衡水供水系统安全运行的风险。同时，南水北调东线工程引黄水主要满足电厂冷却用水及工业低质用水，难以有效缓解衡水市集中供水系统面临的供水风险（表 6-35）。

#### 2. 衡水市供水系统安全风险层次分析

利用层次分析模型，构造风险因素的判断矩阵，通过两两比较的方式，得出各风险因素之间的相互关系，计算各风险因素的风险值；然后借助综合评价得出供水系统的综合评价向量，即受水区城市供水系统的风险级。可以看出，调水系统具有较高的风险级（表 6-36 至表 6-42）。

**衡水市供水系统风险矩阵表　　　　表 6-35**

| 目标层 | 准则层 | 子准则层 | | | | | 综合风险值 |
|---|---|---|---|---|---|---|---|
| | | 风险因素 | 发生频率 K1 | 危害程度 K2 | 风险值 | 风险等级 | |
| 受水区城市供水系统风险 A | 调水系统 B1 | 分水口门检修 C1 | 4 | 4 | 16 | Ⅳ级 | 11.70 |
| | | 调蓄系统 C2 | 4 | 2 | 8 | Ⅱ级 | |
| | | 水源和受水区枯水年遭遇 C3 | 2 | 5 | 10 | Ⅲ级 | |
| | | 来水水质污染 C4 | 1 | 5 | 5 | Ⅱ级 | |
| | 取水系统 B2 | 水源布局 D1 | 4 | 3 | 12 | Ⅲ级 | 9.82 |
| | | 水文条件变化 D2 | 2 | 4 | 8 | Ⅱ级 | |
| | | 水厂布置 D3 | 3 | 4 | 12 | Ⅲ级 | |
| | | 本地水资源禀赋 D4 | 3 | 3 | 9 | Ⅱ级 | |
| | | 水源水质条件 D5 | 1 | 3 | 3 | Ⅰ级 | |
| | | 地下水储备 D6 | 1 | 3 | 3 | Ⅰ级 | |
| | 净水系统 B3 | 设备老化、腐蚀 E1 | 3 | 4 | 12 | Ⅲ级 | 8.17 |
| | | 运行或维修时误操作 E2 | 2 | 3 | 6 | Ⅱ级 | |
| | | 在线监测 E3 | 2 | 3.5 | 7 | Ⅱ级 | |
| | | 员工培训制度 E4 | 1 | 2.75 | 2.75 | Ⅰ级 | |
| | 输水系统 B4 | 水源切换 F1 | 2 | 4 | 8 | Ⅱ级 | 9.33 |
| | | 应急联络管线 F2 | 2 | 5 | 10 | Ⅲ级 | |
| | 配水系统 B5 | 供水管网适应性 G1 | 3 | 3 | 9 | Ⅱ级 | 6.62 |
| | | 管网老化 G2 | 3 | 2.75 | 8.25 | Ⅱ级 | |
| | | 管道保养维护 G3 | 2 | 2 | 4 | Ⅰ级 | |
| | | 应急备用设施 G4 | 2 | 3 | 6 | Ⅱ级 | |
| | | 供水格局 G5 | 2 | 3 | 6 | Ⅱ级 | |
| | | 管材类型 G6 | 2 | 1 | 2 | Ⅰ级 | |

**衡水市供水系统风险因子权重计算　　　　表 6-36**

| 判断矩阵 A-B | | | | | | |
|---|---|---|---|---|---|---|
| A | B1 | B2 | B3 | B4 | B5 | WA |
| B1 | 1 | 5 | 5 | 2 | 2 | 0.40958 |
| B2 | 1/5 | 1 | 5 | 3 | 2 | 0.25417 |
| B3 | 1/5 | 1/5 | 1 | 1 | 3 | 0.09131 |
| B4 | 1/2 | 1/3 | 1 | 1 | 1 | 0.12010 |
| B5 | 1/2 | 1/2 | 1 | 1 | 1 | 0.12484 |
| 一致性指标 CI ＝ 0.00025 ＜ 0.1 | | | | | | |

**衡水市调水系统风险要素权重计算**　　**表 6-37**

判断矩阵 B1-C

| B1 | C1 | C2 | C3 | C4 | WB1 |
|---|---|---|---|---|---|
| C1 | 1 | 3 | 2 | 3 | 0.456 |
| C2 | 1/3 | 1 | 3 | 2 | 0.263 |
| C3 | 1/2 | 1/3 | 1 | 1 | 0.148 |
| C4 | 1/3 | 1/2 | 1 | 1 | 0.133 |

CI = 0.00005 < 0.1

**衡水市取水系统风险要素权重计算**　　**表 6-38**

判断矩阵 B2-D

| B2 | D1 | D2 | D3 | D4 | D5 | D6 | D7 | D8 | D9 | D10 | WB2 |
|---|---|---|---|---|---|---|---|---|---|---|---|
| D1 | 1 | 3 | 1 | 1 | 4 | 6 | 3 | 4 | 4 | 3 | 0.219 |
| D2 | 1/3 | 1 | 1/3 | 1/3 | 3 | 3 | 1 | 2 | 2 | 1/2 | 0.071 |
| D3 | 1 | 3 | 1 | 1 | 4 | 6 | 3 | 4 | 4 | 3 | 0.183 |
| D4 | 1 | 3 | 1 | 1 | 4 | 6 | 3 | 4 | 4 | 3 | 0.183 |
| D5 | 1/4 | 1/3 | 1/4 | 1/4 | 1 | 3 | 1/3 | 1/2 | 1 | 1/4 | 0.037 |
| D6 | 1/6 | 1/3 | 1/6 | 1/6 | 1/3 | 1 | 1/4 | 1/3 | 1/3 | 1/4 | 0.021 |
| D7 | 1 | 1 | 1/3 | 1/3 | 3 | 4 | 1 | 3 | 4 | 1/2 | 0.095 |
| D8 | 1/4 | 1/2 | 1/4 | 1/4 | 2 | 3 | 1/3 | 1 | 2 | 1/3 | 0.048 |
| D9 | 1/4 | 1/2 | 1/4 | 1/4 | 1 | 3 | 1/4 | 1/2 | 1 | 1/4 | 0.037 |
| D10 | 1/3 | 2 | 1/3 | 1/3 | 4 | 4 | 2 | 3 | 4 | 1 | 0.104 |

CI = 0.07376 < 0.1

**衡水市净水系统风险要素权重计算**　　**表 6-39**

判断矩阵 B3-E

| B3 | E1 | E2 | E3 | E4 | E5 | E6 | WB3 |
|---|---|---|---|---|---|---|---|
| E1 | 1 | 1 | 3 | 4 | 4 | 2 | 0.296 |
| E2 | 1 | 1 | 3 | 4 | 4 | 2 | 0.296 |
| E3 | 1/3 | 1/3 | 1 | 2 | 2 | 1 | 0.121 |
| E4 | 1/4 | 1/4 | 1/2 | 1 | 1 | 1/2 | 0.069 |
| E5 | 1/4 | 1/4 | 1/2 | 1 | 1 | 1/4 | 0.062 |
| E6 | 1/2 | 1/2 | 1 | 2 | 4 | 1 | 0.155 |

CI = 0.0493 < 0.1

输水系统风险要素权重计算 表 6-40

判断矩阵 B4-F

| B4 | F1 | F2 | WB4 |
|---|---|---|---|
| F1 | 1 | 1/2 | 0.333 |
| F2 | 2 | 1 | 0.667 |
| F3 | 1 | 1/2 | 0.333 |

$CI = 0.0016 < 0.1$

配水系统风险要素权重计算 表 6-41

判断矩阵 B5-G

| B5 | G1 | G2 | G3 | G4 | G5 | G6 | WB5 |
|---|---|---|---|---|---|---|---|
| G1 | 1 | 3 | 2 | 4 | 2 | 2 | 0.324 |
| G2 | 1/3 | 1 | 2 | 1 | 2 | 2 | 0.181 |
| G3 | 1/2 | 1/2 | 1 | 1/2 | 1 | 1 | 0.108 |
| G4 | 1/4 | 1 | 2 | 1 | 2 | 1/2 | 0.143 |
| G5 | 1/2 | 1/2 | 1 | 1/2 | 1 | 1 | 0.108 |
| G6 | 1/2 | 1/2 | 1 | 2 | 1 | 1 | 0.136 |

$CI = 0.076 < 0.1$

衡水市系统风险综合评价结果 表 6-42

| 目标层 | 准则层 | 指标层 | | | | | 综合风险值 |
|---|---|---|---|---|---|---|---|
| | | 风险因素 | 发生频率 K1 | 危害程度 K2 | 风险值 K | 风险等级 | |
| 受水区城市供水系统风险 A | 调水系统 B1 | 穿黄工程检修 C1 | 4 | 3 | 12 | Ⅲ级 | 8.94 |
| | | 调蓄系统 C2 | 4 | 2 | 8 | Ⅱ级 | |
| | | 水源和受水区枯水年遭遇 C3 | 2 | 4 | 8 | Ⅲ级 | |
| | | 供水干渠系统 C4 | 1 | 4 | 4 | Ⅰ级 | |
| | 取水系统 B2 | 水源布局 D1 | 2 | 3 | 6 | Ⅱ级 | 7.77 |
| | | 水文条件变化 D2 | 2 | 2 | 4 | Ⅰ级 | |
| | | 水厂布置 D3 | 3 | 3 | 9 | Ⅱ级 | |
| | | 本地水资源禀赋 D4 | 3 | 4 | 12 | Ⅲ级 | |
| | | 水源水质条件 D5 | 1 | 3 | 3 | Ⅰ级 | |
| | | 地下水储备 D6 | 1 | 2 | 2 | Ⅰ级 | |
| | 净水系统 B3 | 设备老化、腐蚀 E1 | 3 | 4 | 12 | Ⅲ级 | 8.17 |
| | | 运行或维修时误操作 E2 | 2 | 3 | 6 | Ⅱ级 | |

续表

| 目标层 | 准则层 | 指标层 | | | | | 综合风险值 |
|---|---|---|---|---|---|---|---|
| | | 风险因素 | 发生频率 K1 | 危害程度 K2 | 风险值 K | 风险等级 | |
| 受水区城市供水系统风险 A | 净水系统 B3 | 在线监测 E3 | 2 | 3.5 | 7 | Ⅱ级 | 8.17 |
| | | 员工培训制度 E4 | 1 | 2.75 | 2.75 | Ⅰ级 | |
| | 输水系统 B4 | 水源切换 F1 | 2 | 4 | 8 | Ⅱ级 | 6.67 |
| | | 应急联络管线 F2 | 2 | 3 | 6 | Ⅱ级 | |
| | 配水系统 B5 | 供水管网适应性 G1 | 3 | 3 | 9 | Ⅱ级 | 6.62 |
| | | 管网老化 G2 | 3 | 2.75 | 8.25 | Ⅱ级 | |
| | | 管道保养维护 G3 | 2 | 2 | 4 | Ⅰ级 | |
| | | 应急备用设施 G4 | 2 | 3 | 6 | Ⅱ级 | |
| | | 供水格局 G5 | 2 | 3 | 6 | Ⅱ级 | |
| | | 管材类型 G6 | 2 | 1 | 2 | Ⅰ级 | |

### 6.3.6 供水系统安全调控方案

基于上述风险评估结果，规划假设三种极端情景模式提出衡水市供水系统安全调控方案。

**1. 情景一：水源区和受水区枯水年遭遇**

根据河北省南水北调配套工程规划（汇报稿），南水北调工程90%供水保证率条件下衡水市分水量为多年平均条件下南水北调工程分水量的72%。因此，情景一：南水北调来水量为90%供水保证率，向衡水市中心城区供水量为20.16万$m^3$/d。

安全调控策略：保留滏阳新河水源地工程及其配套供水设施，经输水管网与衡水市滏阳水厂连通，再送入市区配水管网。启用新华水厂及大庆水厂应急供水（表6-43）。

**情景一衡水市安全调控方案** 表6-43

| 水厂 | 水源 | | 供水规模（万吨/日） | | 情景一 | |
|---|---|---|---|---|---|---|
| | 现状 | 规划 | 现状 | 规划 | 调控前 | 调控后 |
| 新华水厂 | 地下水 | 地下水 | 2 | 备用 | 0 | 2 |
| 大庆水厂 | 地下水 | 地下水 | 2.2 | 备用 | 0 | 2 |
| 地表水厂 | 地下水 | 北调水 | 3.2 | ＝28＋3.2 | 20.16 | 23.36 |
| 合计 | | | 7.4 | 31.2 | 20.16 | 27.36 |

**2. 情景二：南水北调主干渠穿黄工程检修**

根据设计，穿黄工程隧洞每年有15–30天检修期，每3–5年安排30–60天大修；半年左右放空隧洞的水检查一次。情景二假设极端情况下，南水北调来水量为设计来水量的40%，即来水量为11.2万$m^3/d$。

调控策略：保留滏阳新河水源地工程及其配套供水设施，经输水管网与衡水市滏阳水厂连通，再送入市区配水管网。启用新华水厂及大庆水厂应急供水。由于水资源限制，情景二中，应急情况可供水量为仅为规划水量的65.7%，人均综合用水量为263L/人·d。

调控方式：地下水厂采用间歇式补偿供水模式；每月向供水管网补偿供水1次；供水时段为供水低峰期，供水量为1000$m^3/h$（表6–44）。

**情景二衡水市安全调控方案** **表6–44**

| 水厂 | 水源 | | 供水规模（万吨/日） | | 情景二 | |
|---|---|---|---|---|---|---|
| | 现状 | 规划 | 现状 | 规划 | 调控前 | 调控后 |
| 新华水厂 | 地下水 | 地下水 | 2 | 备用 | 0 | 2 |
| 大庆水厂 | 地下水 | 地下水 | 2.2 | 备用 | 0 | 2 |
| 地表水厂 | 地下水 | 北调水 | 3.2 | ＝28＋3.2 | 11.2 | 14.4 |
| 合计 | | | 7.4 | 31.2 | 11.2 | 18.4 |

**3. 情景三：南水北调工程保定输水干渠发生水质风险**

情景三假设南水北调保定输水干渠发生水质风险，来水量为0。

调控策略：

水质方面：采用应急处理工艺

针对油类和有机污染，在分水口后投加粉末活性炭（PAC），利用水源水往净水厂的输送距离，在输水管道中完成吸附过程，即把应对突发污染的安全屏障前移；在粉末活性炭有效吸附（油类或有机）污染物前提下，利用高锰酸盐复合药剂氧化作用继续去除剩余污染物，切实保障饮用水水质安全。

针对硫酸类污染物，同样将安全屏障前移，在分水口处投加碱（石灰），利用碱（石灰）进行中和反应，使其形成微溶于水的硫酸钙沉淀，同时起到酸碱中和的目的；并在滤池出水处设置酸碱调节设备，保障供水水质的pH要求。

水量方面：保留滏阳新河水源地工程及其配套供水设施，经输水管网与衡水市滏阳水厂连通，再送入市区配水管网。启用新华水厂及大庆水厂应急供水。由于水资源限制，情景三中，应急情况可供水量为仅为规划水量的25.7%（表6–45）。

情景三衡水市安全调控方案　　表 6-45

| 水厂 | 水源 | | 供水规模（万吨 / 日） | | 情景三 | |
|---|---|---|---|---|---|---|
| | 现状 | 规划 | 现状 | 规划 | 调控前 | 调控后 |
| 新华水厂 | 地下水 | 地下水 | 2 | 备用 | 0 | 2 |
| 大庆水厂 | 地下水 | 地下水 | 2.2 | 备用 | 0 | 2 |
| 地表水厂 | 地下水 | 北调水 | 3.2 | ＝28＋3.2 | 0 | 3.2 |
| 合计 | | | 7.4 | 31.2 | 0 | 7.2 |

根据相关规划，2020年衡水市规划人口为70万人，人均每日可供水量为102L/人·d。

该供水能力难以保证居民生产生活需求，因此衡水市供水系统中需增加调蓄池以保障应急条件下城市用水需求。调蓄池容积按保障居民应急条件下 5 天生活用水考虑。

# 参考文献


[1] 中华人民共和国水利部．南水北调工程总体规划（简本）[R]．2002年．

[2] 水利部长江水利委员会．南水北调中线工程规划（2001年修订）[R]．2001年．

[3] 北京市南水北调工程建设委员会办公室．北京市南水北调配套工程总体规划[M]．中国水利水电出版社，2008年．

[4] 天津国际工程咨询公司．天津市南水北调中线室内配套工程规划[R]．2005年．

[5] 河北省南水北调工程建设委员会办公室．河北省南水北调配套工程规划[R]．2005年．

[6] 河南省城市规划设计研究总院．南水北调中线河南省受水区城市供水配套工程规划报告[R]．2008年．

[7] 刘剑锋．城市基础设施水平综合评价的理论和方法研究[D]．北京：清华大学，2007年．

[8] 苏为华．多指标综合评价理论与方法问题研究[D]．厦门：厦门大学，2000年．

[9] 祁洪全．综合评价的多元统计分析方法[D]．长沙：湖南大学，2001年．

[10] 张晓洁．城市节约用水评价及管理研究[D]．合肥：合肥工业大学，2001年．

[11] 谭倩．我国小城镇给水系统模式研究重庆[D]：重庆：重庆大学，2005年．

[12] 李洪兴，姚建义，付彦分．农村供水系统中应用危害分析和关键控制点原理的实例研究[J]．卫生研究，2005年，34(6)：749-751.

[13] 牛志广，陈发，徐宗武，等．基于MLE模型和EPANET的城市供水系统风险评价[J]．中国给水排水，2011年，27(7)：63-66.

[14] 陶灵芝．给水系统事故预测及应用研究[D]：哈尔滨：哈尔滨工业大学，2006年．

[15] 于洋．绿色、效率、公平的城市愿景——美国西雅图市可持续发展指标体系研究[J]．国际城市规划，2009年，24(6)：46-52.

[16] 刘春婷．区域供水设施优化布局研究[D]：重庆：重庆大学，2011年．

[17] 刘涛，邵东国，顾文权．基于层次分析法的供水风险综合评价模型[J]．武汉大学学报（工学版），2006年，39(4)：25-28.

[18] 邓雪，李家铭，曾浩健，等．层次分析法权重计算方法分析及其应用研究[J]．数学的实践与认识，2012年，42(7)：93-100.

[19] 吴殿廷，李东方．层次分析法的不足及其改进的途径[J]．北京师范大学学报（自然科学版），2004年，40(2)：264-268.

[20] 马力辉，刘遂庆，信昆仑．供水系统脆弱性评价研究进展[J]．中国给水排水，2006年，32(9)：107-110.

[21] 宋茂斌，王华太，范翠霞．水资源供用水系统风险分析研究综述[J]．山西水利，2008

年，(5)：33-35.

[22] 刘涛，邵东国，顾文权. 基于层次分析法的供水风险综合评价模型[J]. 武汉大学学报(工学版)，2006年，39(4)：25-28.

[23] 刘玉堂，李红珏. 危害识别与风险评估方法及事故预防[J]. 石油化工安全技术，2004年，20(2)：29-32.

[24] 陈德强，吴卿，赵新华. 天津市某供水系统水质风险分析[J]. 中国卫生工程学，2009年，8(3)：129-133.

[25] 时京洪，邱俊，张培良. 青藏铁路格拉段给排水集中控制系统建设过程的风险管理[J]. 铁道劳动安全卫生与环保，2007年，34(1)：27-30.

[26] 李景波，董增川，王海潮，等. 城市供水风险分析与风险管理研究[J]. 河海大学学报(自然科学版)，2008年，36(1)：35-39.

[27] 吕谋，裘巧俊，李乃虎，等. 浅谈城市供水系统安全性[J]. 青岛建筑工程学院学报，2005年，26(1)：14.

[28] Yacov Y H, Nicholas C M, James H L, et a1. Reducing vulnerability of water supply to attack [J] . Journal of Infrastructure System, 1998年, 4(4): 164-177.

[29] 麦贤敏，闫琳. 当代欧美城市规划决策中“未来导向”理念研究及启示[J]. 国际城市规划，2009年，6(3)：78-83.

[30] 陆艳晨，等. 应急状态下的城市居民生活供水量与用水量分析[J]. 净水技术，2012年，31(2)：12-14.

[31] 耿雷华，等. 南水北调东中线运行工程风险管理研究[M]. 中国环境科学出版社，2010年.

[32] 莫罹，等. 城市供水系统规划调控技术研究与示范课题研究报告[R]. 水体污染控制与治理科技重大专项，2011年.

[33] 康玲，何小聪. 南水北调中线降水丰枯遭遇风险分析[J]. 水利科学进展，2011年，22(1)：44-50.

[34] 石家庄市城乡规划设计院.《石家庄市城市总体规划(2011—2020年)》[R]. 2011年.

[35] 中国城市规划设计研究院.《保定市城市总体规划(2008—2020年)》[R]. 2008年.

[36] 河北省城乡规划设计研究院.《衡水市城市总体规划(2015—2030年)》[R]. 2015年.